21 世纪全国中等职业学校数学规划教材

初等数学(下)

（第二版）

主　编　吕保献
副主编　余小飞　亢玉晓

内 容 简 介

本书是“21世纪全国中等职业学校数学规划教材”之一，它是根据教育部职成司制定的《中等职业学校数学教学大纲》的要求，按照中等职业技术学校的培养目标编写的。在内容编排上，尽量做到由浅入深，由易到难，由具体到抽象，循序渐进，并注意理论联系实际，兼顾体系，加强素质教育和能力方面的培养。

本书内容包括：立体几何，直线，二次曲线，数列，排列、组合、二项式定理。

本书可供招收初中毕业生的三年制中等职业学校的学生使用。

图书在版编目(CIP)数据

初等数学.下/吕保献主编.—2版.—北京：北京大学出版社，2016.3

（21世纪全国中等职业学校数学规划教材）

ISBN 978-7-301-26617-5

Ⅰ.①初… Ⅱ.①吕… Ⅲ.①初等数学—中等专业学校—教材 Ⅳ.①O12

中国版本图书馆CIP数据核字（2015）第297747号

书　　名　初等数学（下）（第二版）
　　　　　CHUDENG SHUXUE
著作责任者　吕保献　主编
责任编辑　桂　春
标准书号　ISBN 978-7-301-26617-5
出版发行　北京大学出版社
地　　址　北京市海淀区成府路205号　100871
网　　址　http://www.pup.cn　新浪官方微博：@北京大学出版社
电子邮箱　编辑部 zyjy@pup.cn　总编室 zpup@pup.cn
电　　话　邮购部 010-62752015　发行部 010-62750672　编辑部 010-62756923
印 刷 者　河北博文科技印务有限公司
经 销 者　新华书店
　　　　　787毫米×1092毫米　16开本　9.5印张　243千字
　　　　　2005年7月第1版
　　　　　2016年3月第2版　2025年4月第5次印刷（总第10次印刷）
定　　价　20.00元

第二版前言

本数学教材是“21世纪全国中等职业学校数学规划教材”之一，它是根据教育部职成司制定的《中等职业学校数学教学大纲》的要求，按照中等职业技术学校的培养目标编写的，以降低理论、注重基础、强化能力、加强应用、适当更新、稳定体系为指导思想。可供招收初中毕业生的三年制中等职业学校的学生使用。

本套教材在内容编排上具有简明、通俗易懂、直观性强的特点，淡化理论推导；对复杂的问题，一般不作论证，尽量用几何图形、数表来说明其实际背景和应用价值，由此加深对基本理论和概念的理解；力求把数学内容讲得简单易懂，不过分追求复杂的计算和变换技巧，让学生接受数学的思想方法和思维习惯。

全套教材分上、下两册出版。上册内容包括：集合与不等式，函数，幂函数、指数函数与对数函数，任意角的三角函数，加法定理及其推论、正弦型曲线，复数等。下册内容包括：立体几何，直线，二次曲线，数列，排列、组合、二项式定理等。

教材中每节后面配有一定数量的习题。每章后面的复习题分主客观题两类，供复习巩固本章内容和习题课选用。书末附有习题答案供参考。

本次修订，主要考虑到学生数学基础薄弱的实际情况，利用实例来引入数学概念，让学生更易接受；将计算过程复杂的例题调整为计算过程简单的例题；增加了在实践中应用数学的例题；调整了部分习题，修改了第一版习题参考答案中的错误。

下册由吕保献担任主编，余小飞、亢玉晓担任副主编，吕保献负责最后统稿。其中第一章由张勇编写，第二章、第四章由余小飞编写，第三章由亢玉晓编写，第五章由吕保献编写。

由于编者水平有限，书中不当之处在所难免，恳请读者批评指正，以便进一步修改完善。

编　者

2015年10月

目　录

第一章　立体几何

在平面几何里，我们学习了一些平面图形的画法和性质. 在日常工作、生产实际和科学实验中，还常常会接触到空间图形，因此，需要了解空间图形的有关知识. 本章我们主要学习空间图形的画法、性质和有关运算知识.

第一节　平面及其性质

一、平面及其表示法

我们常见的桌面、黑板面、广场的地面、平静的水面等，都呈现出平面的形象. 而几何里所说的平面是没有厚度的，它广阔无边，向四周无限延展. 当我们以适当的角度和适当的距离去观察桌面、黑板面、地板时，觉得它们很像平行四边形. 由于平面的广阔性，在画平面时也只能用平面的一部分来代表平面. 因此，通常用平行四边形来表示平面，并记作希腊字母 α、β、γ 等，写在表示平面的平行四边形的一个顶角的内部；也可用表示平行四边形顶点的四个字母或对角的两个字母来表示. 例如图 1-1 中的平面分别记作平面 α、平面 β 或平面 $ABCD$、平面 AC 等.

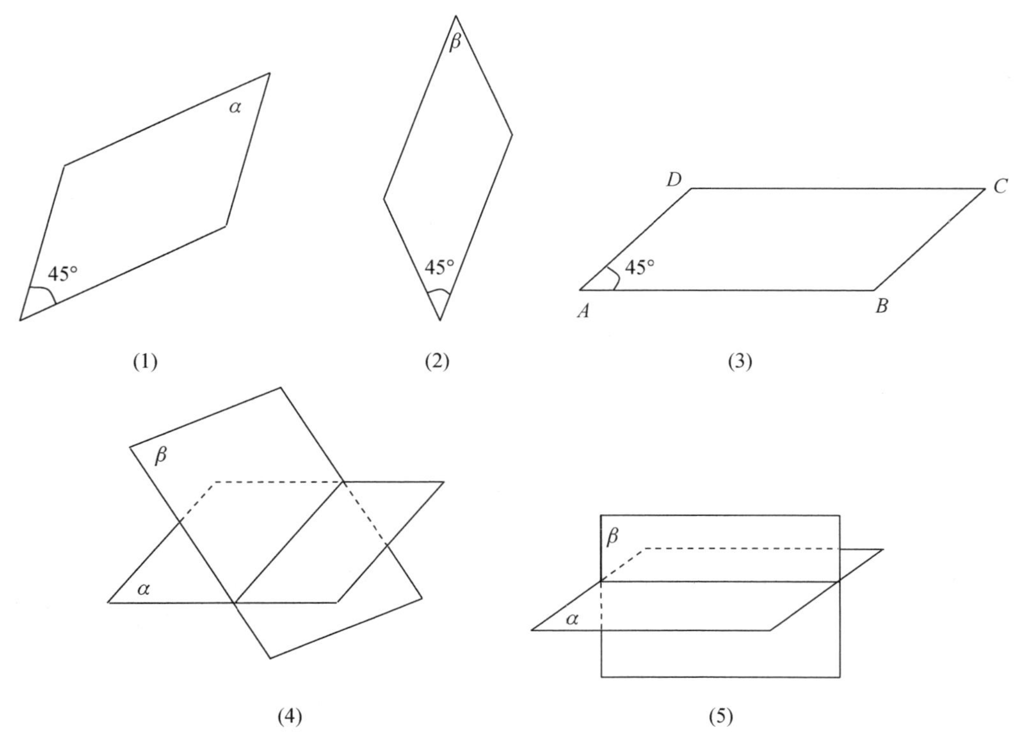

图　1-1

画一个水平放置的平面时，通常把平行四边形的锐角画成45°，把横边的长度画成大约等于邻边长度的两倍，如图1-1(3)所示.

画一个直立的平面时，可以把平面画成矩形或平行四边形，使它的竖边与水平平面的横边相垂直，如图1-1(5)所示.

如果一个平面的一部分被另一部分平面遮住，应把被遮住的部分画成虚线或不画，如图1-1(4)和(5)所示.

二、水平放置的平面图形的画法

把空间图形画在纸上，就是用一个平面图形表示空间图形. 这样的平面图形不是空间图形的真实形状，而是它的直观图.

要画空间图形的直观图，首先应学会画水平放置的平面图形的直观图. 下面举例说明平面图形的直观图的画法.

例 1 画水平放置的正方形 $ABCD$ 的直观图.

画法 (1) 如图1-2(1)所示，在正方形 $ABCD$ 中以 AB 所在的直线为 x 轴，以 AD 所在的直线为 y 轴，以 A 点为坐标原点建立坐标系 xAy.

(2) 如图1-2(2)所示，画对应轴 x' 轴、y' 轴，使 $\angle x'A'y'=45°$.

(3) 在 x' 轴上，取点 B'，使 $A'B'=AB$，在 y' 轴上，取点 D'，使 $A'D'=\frac{1}{2}AD$. 过 D' 点作 $D'C' /\!/ x'$ 轴，使得 $D'C'=DC$.

(4) 连接 $B'C'$. 所得的四边形 $A'B'C'D'$ 就是正方形 $ABCD$ 的直观图(如图1-2(3)所示).

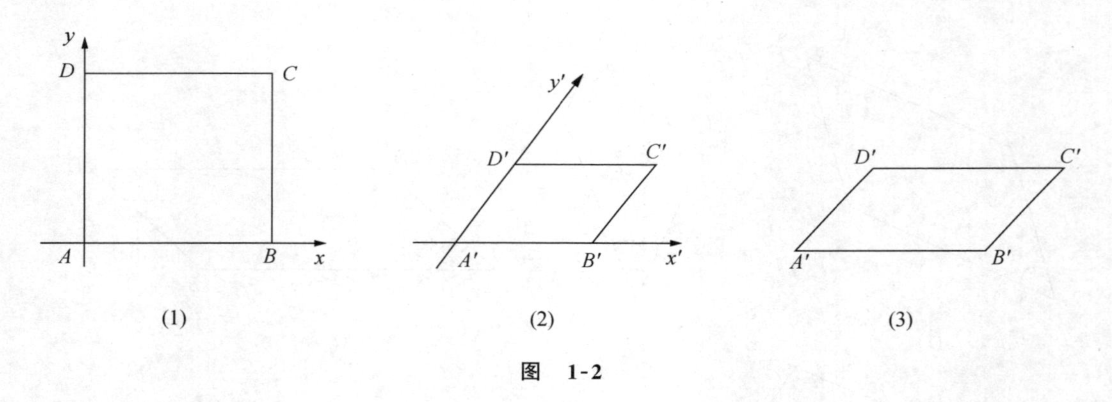

图 1-2

上面画直观图的方法叫作**斜二测**画法. 它的规则是：

① 在已知图形中取互相垂直的 Ox、Oy 轴.

② 画直观图时，把它们画成对应的 $O'x'$、$O'y'$ 轴，且使 $\angle x'O'y'=45°$.

③ 在已知图形中平行于 Ox 轴或 Oy 轴的线段，在直观图中分别画成平行于 $O'x'$ 轴或 $O'y'$ 轴的线段. 在已知图形中平行于 Ox 轴的线段，在直观图中保持原长不变，平行于 Oy 轴的线段，长度为原长的一半.

例 2 画水平放置的正六边形的直观图.

画法 (1) 如图1-3所示，在已知六边形 $ABCDEF$ 中取对角线 AD 为 x 轴，取对称轴 HG 为 y 轴，画出对应的 x' 轴和 y' 轴，使 $\angle x'O'y'=45°$.

(2) 以 O' 为中点在 x' 轴上取 $A'D'=AD$，在 y' 轴取 $G'H'=\frac{1}{2}HG$，以 H' 为中点画 $B'C' /\!/ O'x'$，并使 $B'C'=BC$，以 G' 为中点画 $E'F' /\!/ O'x'$，并使 $E'F'=EF$.

(3) 连接 $A'B'$、$C'D'$、$D'E'$、$F'A'$. 所得的六边形 $A'B'C'D'E'F'$ 就是水平放置的正六边形 $ABCDEF$ 的直观图.

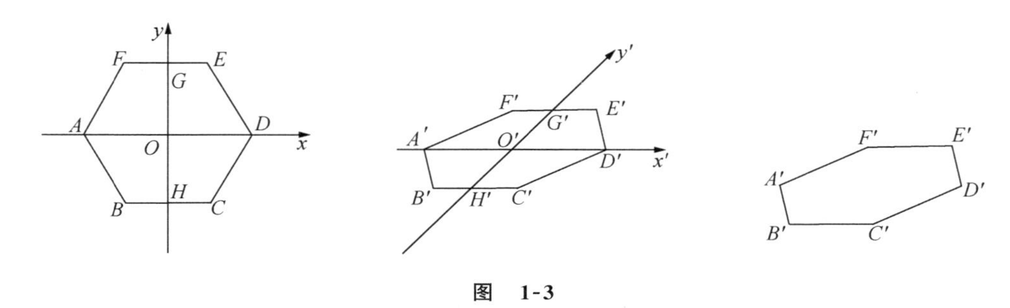

图　1-3

三、平面的基本性质

下面的三条公理说明了平面的一些基本性质，它们是研究空间直线、平面的位置关系的理论基础.

公理 1　如果一条直线上的两点在一个平面内，那么这条直线上的所有点都在该平面内.

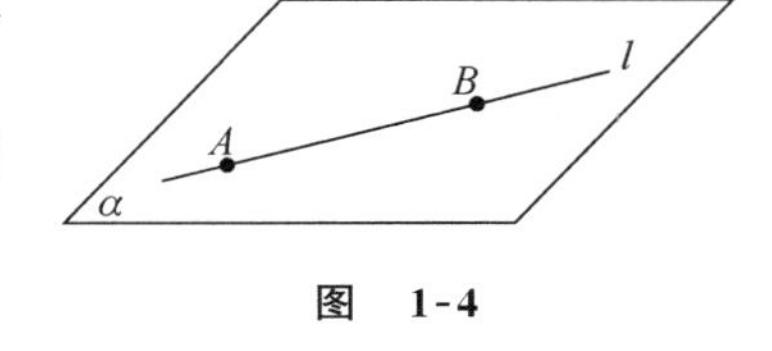

图　1-4

如图 1-4 所示，设直线 l 上的两点 A 和 B 在平面 α 内，则 l 上的所有点都在平面 α 内.

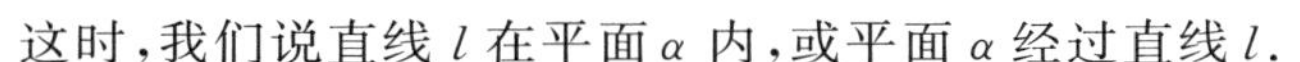

这时，我们说直线 l 在平面 α 内，或平面 α 经过直线 l.

公理 2　如果两个平面有一个公共点，那么它们相交于经过这点的一条直线.

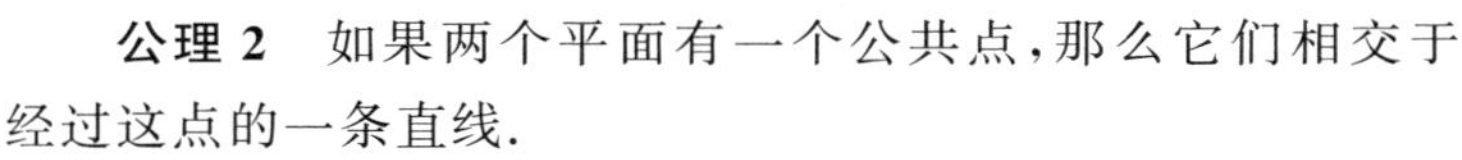

如图 1-5 所示，设 A 是平面 α 和平面 β 的一个公共点，则平面 α 和平面 β 相交于过 A 点的一条直线 a.

例如天花板和墙壁的交线，折纸的折痕等都是两个平面的交线.

公理 3　经过不在同一直线上的三点可以作一个平面，并且只可以作一个平面.

如图 1-6 所示，设 A、B、C 是不在同一直线上的任意三点，则经过这三点可以画一个平面，并且只可以画一个平面. 公理 3 可以简单地说成"不在同一直线上的三点可以确定一个平面".

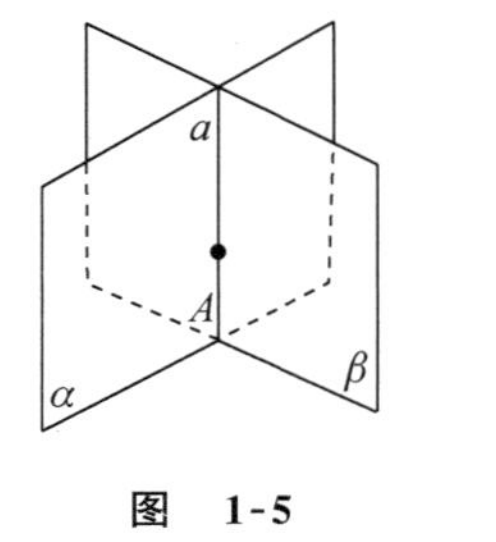

图　1-5

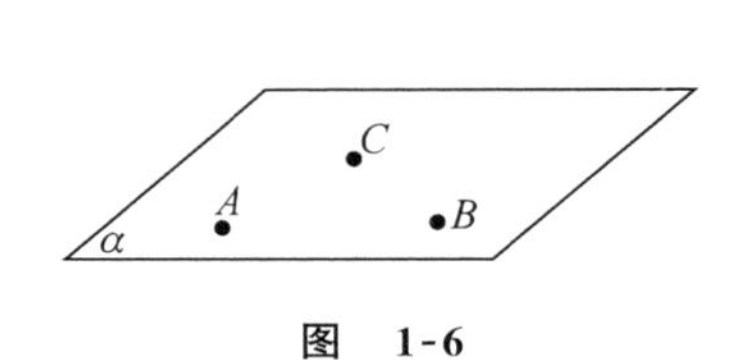

图　1-6

三点定面，来自人们长期生活经验的积累. 如照相机的三脚架，老年人走路时要拄拐棍等.

公理3有以下推论：

推论1　一条直线和这条直线外一点可以确定一个平面（如图1-7(1)所示）.

推论2　两条相交的直线可以确定一个平面（如图1-7(2)所示）.

推论3　两条平行直线可以确定一个平面（如图1-7(3)所示）.

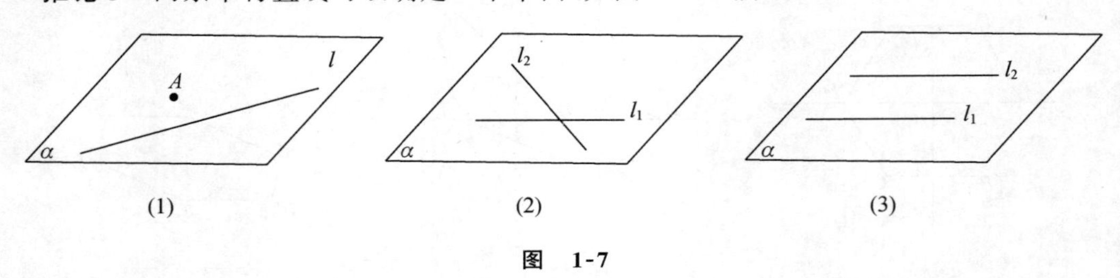

图　1-7

由于点是构成直线和平面的最基本的元素，因此直线和平面都可以看作是点的集合，它们互相间的关系可以用集合之间的关系来表示，规定如下：

点 A 在直线 l 上，记作 $A\in l$；

点 A 不在直线 l 上，记作 $A\notin l$；

点 A 在平面 α 内，记作 $A\in\alpha$；

直线 l 在平面 α 内，记作 $l\subset\alpha$ 或 $\alpha\supset l$；

直线 l 与平面 α 交于点 A，记作 $l\cap\alpha=A$；

直线 l 与平面 α 没有交点，记作 $l\cap\alpha=\varnothing$；

平面 α 与平面 β 相交于直线 l，记作 $\alpha\cap\beta=l$.

例如公理1可以用集合符号表示成：如果点 $A\in\alpha$，点 $B\in\alpha$，则直线 $AB\subset\alpha$.

例3　求证两两相交且不过同一点的三条直线必在同一个平面内.

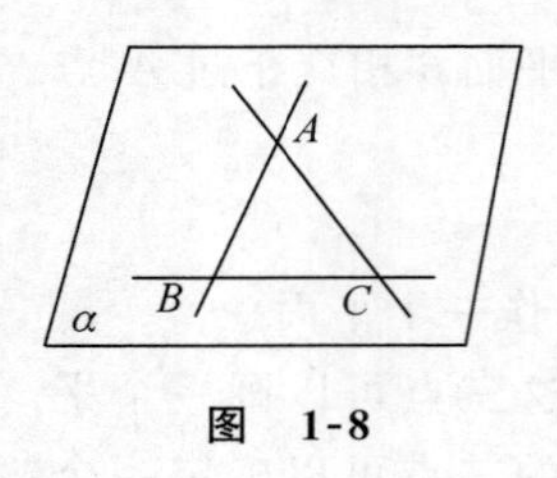

图　1-8

已知　直线 AB、BC、CA 两两相交，其交点分别为 A、B、C（如图1-8所示）.

求证　直线 AB,BC,CA 共面.

证明　因为 $AB\cap AC=A$，

所以直线 AB 和 AC 确定一个平面 α（推论2）.

因为

$$B\in AB, C\in AC,$$

所以

$$B\in\alpha, C\in\alpha,$$

因此

$$BC\subset\alpha（公理1）.$$

故直线 AB、BC、AC 都在平面 α 内，

即直线 AB、BC、AC 共面.

习 题 1-1

1.在水平平面内作下列各已知平面图形的直观图,并说明作图步骤:

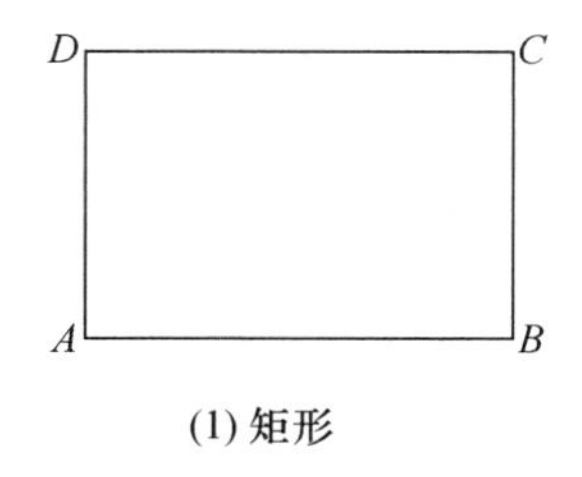

(1) 矩形

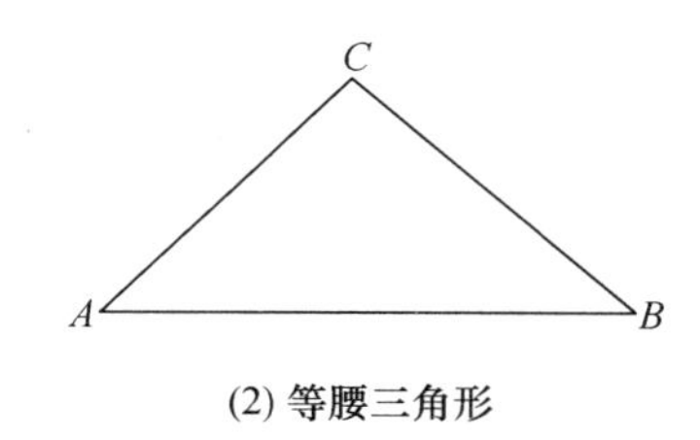

(2) 等腰三角形

第 1 题图

2.回答下面问题:

(1) 能否说一个平面长 3 m、宽 5 m? 为什么?

(2) 把一张纸对折一下,折痕为什么是一条直线?

(3) 一条线段在一个平面内,这条线段的延长线是否也一定在这个平面内?

(4) 任意三点可以确定一个平面的说法对吗?

(5) 两个平面相交只有一个公共点的说法对吗?

(6) 一条直线是否可以确定一个平面?

(7) 三条直线相交于一点,最多能确定几个平面?

(8) 空间有四点,它们中间的任意三点都不在一条直线上,这样的四点可以确定多少个平面?

(9) 空间三条直线两两平行,且不在同一平面内,这样的三条直线可以确定几个平面?

(10) 四条线段依次首尾相接,所得的图形一定是平面图形吗? 举例说明.

3.填空(用符号$\in,\notin,=,\cap$):

(1)“A、B、C 是平面 α 内的三点”,可以记作________;

(2)“直线 AB 经过点 C”可记作________;

(3)“直线 l 与 m 是平面 α 内的两条相交的直线,它们的交点为 A”可以记作________.

4.求证:过已知直线外一点与这条直线上的三点分别画三条直线,则这三条直线在同一平面内.

第二节　直线与直线的位置关系

一、两条直线的位置关系

我们知道,在同一平面内的两条不重合直线的位置关系只有相交和平行两种,但是在空间内,两条不重合直线还存在着另外一种位置关系.

如图 1-9 所示的长方体中,线段 A_1B_1 和 BC 不在同一平面内,它们既不平行也不相交,我们把不在同一平面内的两条直线叫作**异面直线**.

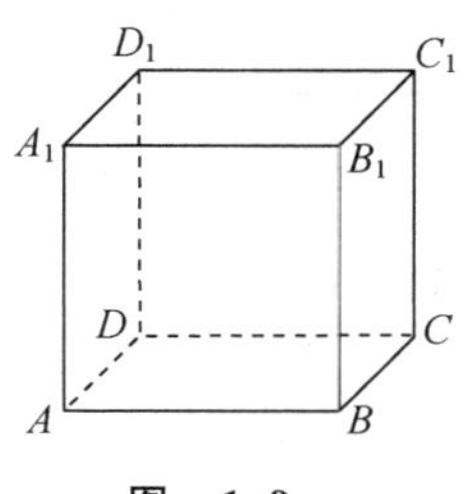

图　1-9

由此可见,空间两条不重合的直线,它们的位置关系有三种:

(1) 平行直线——在同一平面内,没有公共点.

(2) 相交直线——在同一平面内,有且只有一个公共点.

(3) 异面直线——不同在任一平面内,没有公共点.

画异面直线时要把异面直线明显地画在不同的平面内,可以画成如图 1-10 那样.

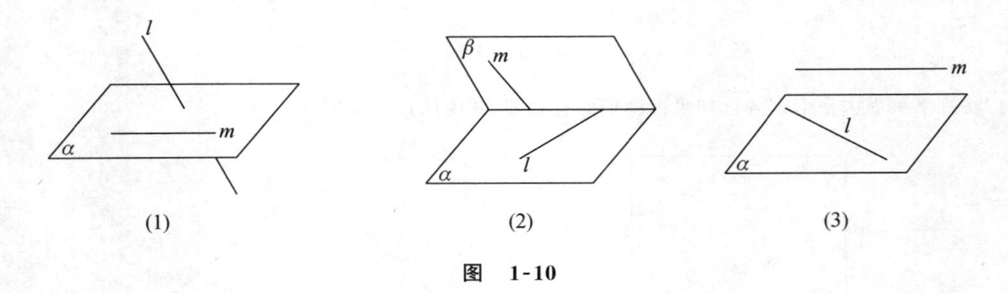

图 1-10

二、空间直线的平行关系

在平面几何里我们已经知道，同一平面内，平行于同一条直线的两条不同直线相互平行. 这一性质对于空间图形也同样成立.

定理 1 如果两条不同直线都平行于第三条直线，那么这两条直线也互相平行.

如图 1-11(1)和图 1-11(2)所示，已知 $a /\!/ b, c /\!/ b$，则 $a /\!/ c$.

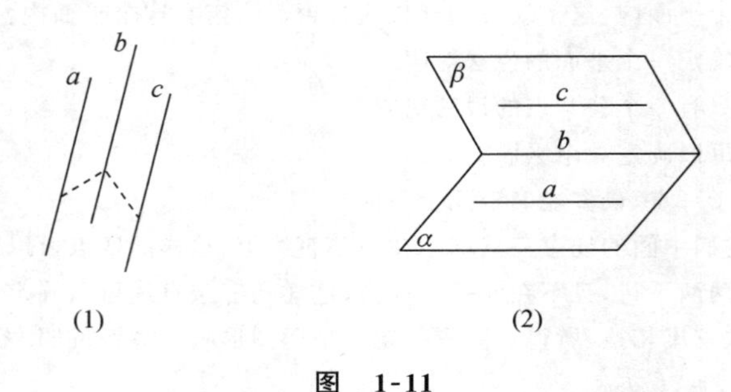

图 1-11

这个性质是显而易见的. 如物理学中所用的三棱分光镜，其三条棱是两两相互平行的.

例 1 已知 $ABCD$ 是四个顶点不在同一平面内的空间四边形，E、F、G、H 分别是 AB、BC、CD、DA 的中点(如图 1-12 所示). 连接 EF、FG、GH、HE，求证：$EFGH$ 是一个平行四边形.

证明 因为 EH 是$\triangle ABD$ 的中位线，所以

$$EH \underline{\underline{/\!/}} \frac{1}{2}BD,$$

同理，可得

$$FG \underline{\underline{/\!/}} \frac{1}{2}BD,$$

根据定理 1，可知

$$EH \underline{\underline{/\!/}} FG,$$

所以 $EFGH$ 是一个平行四边形.

在平面几何中，对应边分别平行并且同向的两个角相等，在空间图形中，这一定理也是正确的.

定理 2 如果一个角的两边和另一个角的两边分别平行并且方向相同，那么这两个角相等(如图 1-13 所示).

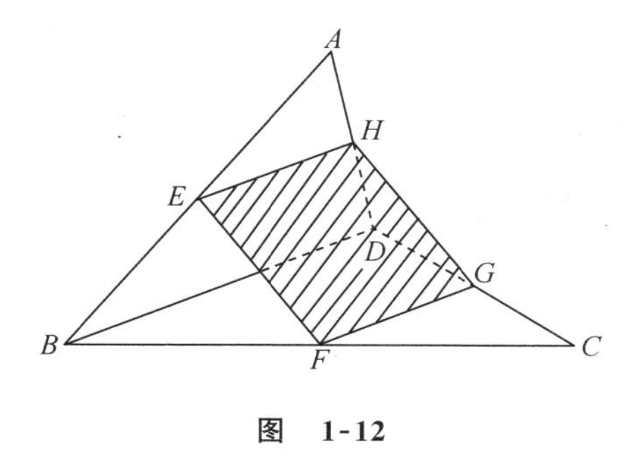

图　1-12

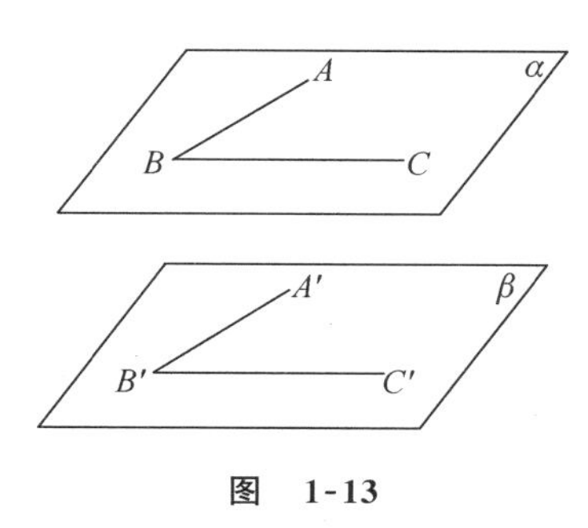

图　1-13

三、两条异面直线所成的角

平面内两条相交直线的位置关系可以用它们的交角来表示. 而两条异面直线不在同一平面内，它们既不平行也不相交，我们怎样来确定它们的关系呢？

如图 1-14(1)所示，设直线 a、b 是异面直线，经过空间任一点 O，分别引直线 $a' \parallel a$，$b' \parallel b$，由定理 2 可知两直线所成的锐角（或直角）的大小，只由直线 a、b 的相互位置来确定，与 O 点的选择无关. 我们把 a' 和 b' 所成的锐角（或直角）叫作两条异面直线所成的角.

一般地，经过空间任意一点分别作两条异面直线的平行线，这两条相交直线所成的锐角（或直角），称为这**两条异面直线所成的角**.

点 O 常取在两条异面直线中的一条上. 如图 1-14(2)所示，取点 O 在直线 b 上，然后过点 O 作直线 $a' \parallel a$. 那么 a' 和 b 所成的角 θ 就是异面直线 a、b 所成的角.

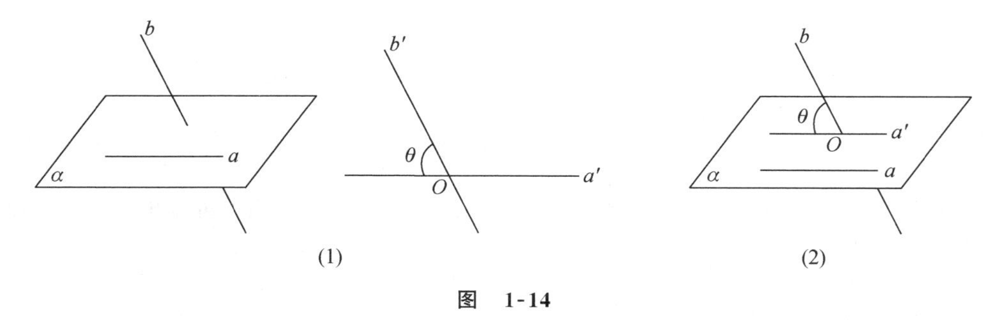

图　1-14

如果两条异面直线所成的角是 90°，则称这两条异面直线相互垂直. 异面直线 a 与 b 垂直，也记作 $a \perp b$.

例 2 如图 1-15 所示，在正方体 $ABCD-A_1B_1C_1D_1$ 中，指出下列各对线段的位置关系以及所成角的度数.

(1) AB 与 CC_1；　　(2) AA_1 与 B_1C；

(3) A_1D 与 AC.

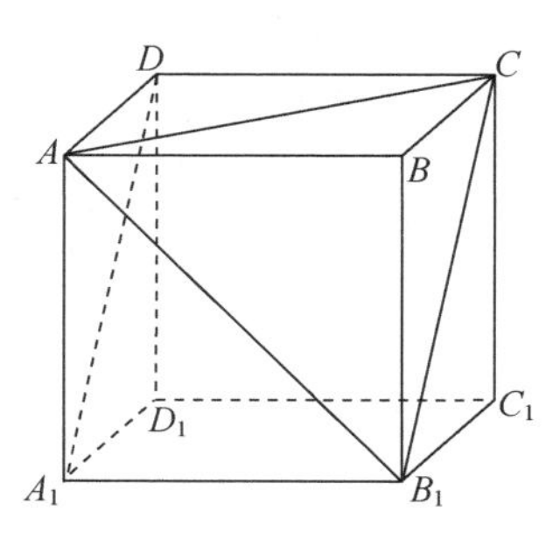

图　1-15

解　(1) AB 与 CC_1 是异面直线.

因为

$$AB \parallel DC,$$

所以 AB 与 CC_1 所成的角可用 $\angle DCC_1$ 度量. 而

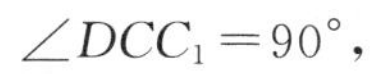

$$\angle DCC_1 = 90°,$$

故 AB 与 CC_1 成 90°角，即

$$AB\perp CC_1.$$

(2) 同理可得，AA_1 与 B_1C 是异面直线，成 $45°$ 角.

(3) A_1D 与 AC 是异面直线.

因为

$$A_1D/\!/B_1C,$$

所以 A_1D 与 AC 所成的角等于 $\angle ACB_1$.

而 $\angle ACB_1$ 是 $\triangle ACB_1$ 的内角，且 $\triangle ACB_1$ 是等边三角形，

所以

$$\angle ACB_1=60°.$$

故 A_1D 与 AC 成 $60°$ 角.

例 3 如图 1-16 所示，已知长方体 $ABCD-A_1B_1C_1D_1$ 中，M、N 分别是 BB_1 和 BC 的中点，$AB=4$，$AD=2$，$BB_1=2\sqrt{15}$，求异面直线 B_1D 与 MN 所成角的余弦值.

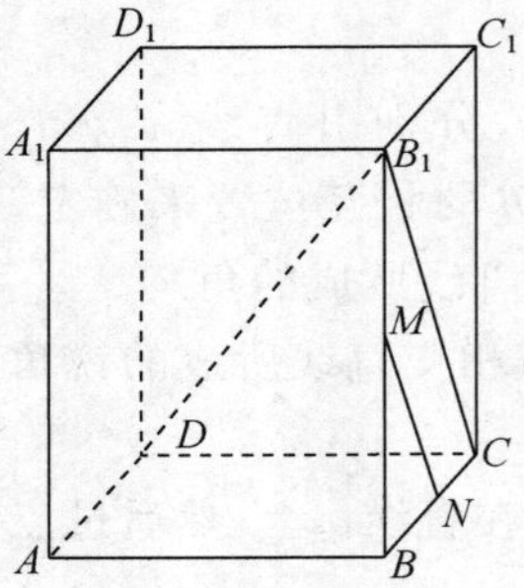

图 1-16

解 连接 B_1C，因 M、N 分别是 BB_1 和 BC 的中点，所以

$$MN/\!/B_1C,$$

则 $\angle CB_1D$ 即为异面直线 B_1D 与 MN 所成角.

在 $\triangle CB_1D$ 中，$CD=AB=4$，

$$B_1C=\sqrt{BC^2+BB_1^2}=\sqrt{AD^2+BB_1^2}=8,$$

$$B_1D=\sqrt{DC^2+B_1C^2}=\sqrt{AB^2+AD^2+BB_1^2}=4\sqrt{5},$$

根据余弦定理，有

$$\cos\angle CB_1D=\frac{B_1C^2+B_1D^2-CD^2}{2B_1C\cdot B_1D}=\frac{2}{5}\sqrt{5}.$$

习 题 1-2

1. 在如图所示的正方体中，指出哪些棱与 AA_1 是异面直线，又有哪些棱与对角线 BD_1 是异面直线.
2. 回答下面的问题：
   (1) 分别在两个平面内的两条直线一定是异面直线吗？
   (2) 空间两条不相交的直线一定是异面直线吗？
   (3) 一条直线和两条异面直线相交，一共可以确定几个平面？
   (4) 垂直于同一条直线的许多空间直线，它们是否一定平行？
3. 在如图所示的正方体中，求下列各线段所成的角的度数：
   (1) AA_1 和 BC_1；　　(2) AA_1 和 BC_1；
   (3) AC 和 A_1B.

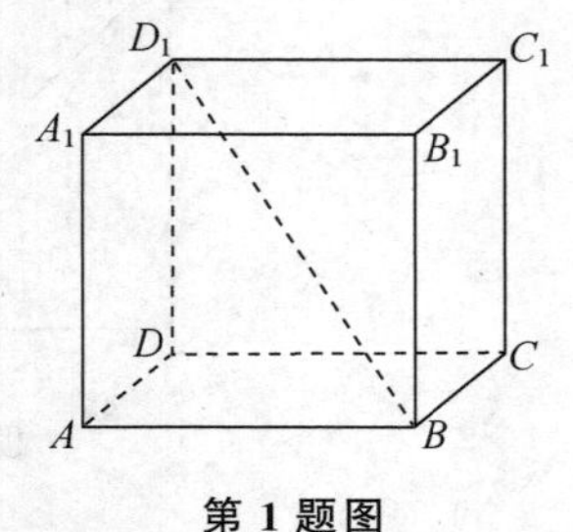

第 1 题图

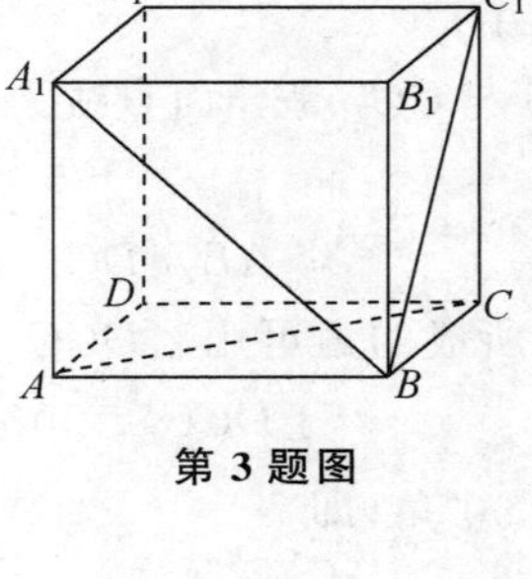

第 3 题图

4. 在如图所示的长方体中，$AB=BC=3$ cm，$AA_1=4$ cm，求线段 A_1B 与 AD_1 所成的角的余弦值.

5. 在如图所示的四面体 $ABCD$ 中，$AC=BD$，E、F、G、H 分别为棱 AB、BC、CD、DA 的中点，求证四边形 $EFGH$ 是菱形.

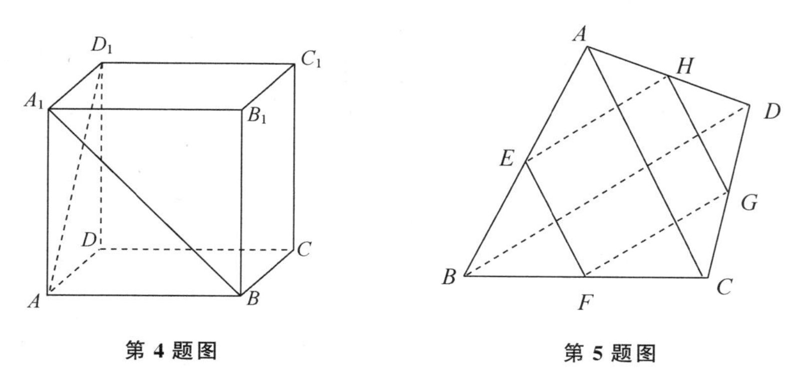

第 4 题图　　第 5 题图

第三节　直线与平面的位置关系

一、直线与平面的位置关系

观察教室的地面和墙面的交线在地面上；两墙面的交线和地面只有一个交点；墙面和天花板的交线与地面没有交点，这些反映出直线和平面之间存在着不同的位置关系.

如果一条直线和一个平面没有公共点，那么称这条**直线**和这个**平面平行**.

如果一条直线和一个平面只有一个公共点，那么称这条**直线和**这个**平面相交**.

由此可见，一条直线和一个平面存在着三种位置关系：

(1) 直线在平面内——有无数个公共点；

(2) 直线和平面平行——没有公共点；

(3) 直线和平面相交——只有一个公共点.

画直线和平面平行时，要把直线画在表示平面的平行四边形外，并且与平行四边形的一条边或平面内的一条直线平行(如图 1-17 所示). 直线 l 和直线 a' 都与平面 α 平行.

画直线和平面相交时，要把直线延伸到表示平面的平行四边形的外面(如图 1-18 所示).

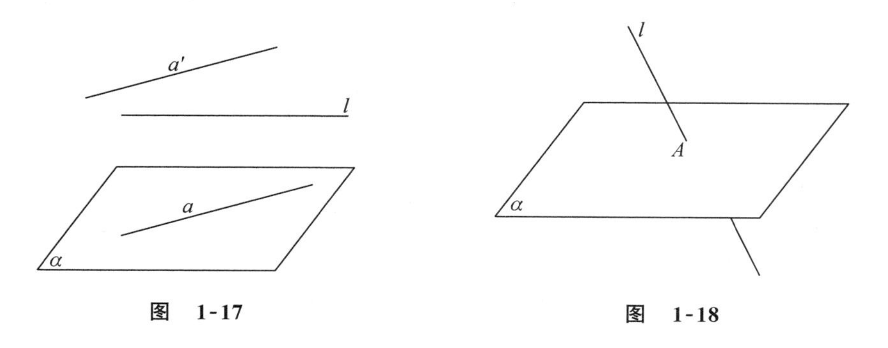

图　1-17　　图　1-18

直线 l 和平面 α 平行，记作 $l\parallel\alpha$.

二、直线与平面平行

直线与平面平行的判定定理　如果平面外一条直线与这个平面内的一条直线平行，那么这条直线就和这个平面平行（如图 1-19 所示）.

直线与平面平行的性质定理　如果一条直线平行于一个已知平面，那么过这条直线的平面与已知平面的交线和这条直线平行（如图 1-20 所示）.

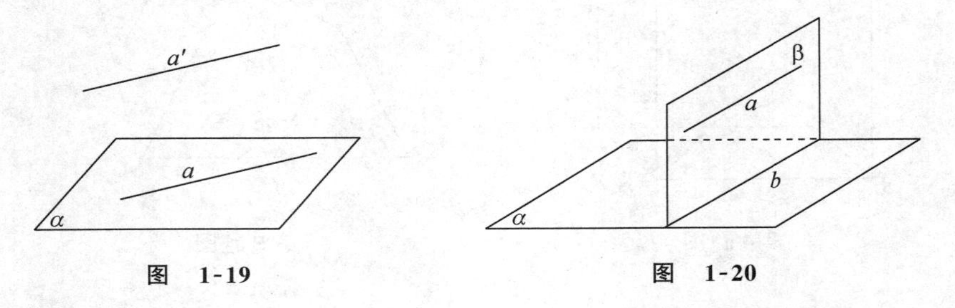

图 1-19　　图 1-20

例 1　已知空间四边形 $ABCD$，G、H 分别是 AB、AD 的中点，求证 GH∥平面 BCD（如图 1-21 所示）.

证明　连接 BD. 在 $\triangle ABD$ 中，GH 为中位线，故有

$$GH /\!/ BD.$$

因为 GH 不在平面 BCD 内，且 $BD\subset$平面 BCD. 所以根据直线与平面平行的判定定理，得

$$GH /\!/ \text{平面 } BCD.$$

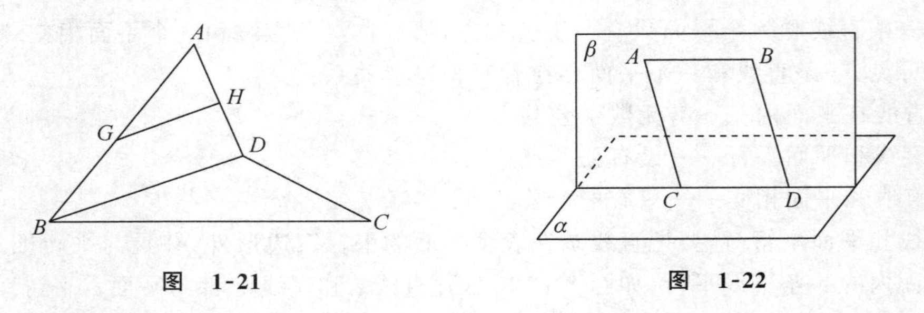

图 1-21　　图 1-22

例 2　已知 $AB/\!/\alpha$，$AC/\!/BD$，AC、BD 与 α 分别交于 C、D（如图 1-22 所示），求证 $AC=BD$.

证明　过平行线段 AC、BD 作平面 β，则直线

$$AB\subset\beta \text{ 且 } \alpha\cap\beta=CD,$$

根据直线与平面平行的性质定理可知

$$AB/\!/CD,$$

又因为

$$AC/\!/BD,$$

所以四边形 $ACDB$ 是平行四边形. 于是

$$AC=BD.$$

由例 2 可知：如果一条直线和一个平面平行，那么夹在这条直线和这个平面间的平行线段的长相等.

三、直线与平面垂直

把一本书打开直立桌面 α 上，设书脊为 AB，各页与书桌面的交线分别为 BC，BD，…，显然 AB 与这些交线都是垂直的(如图 1-23 所示).

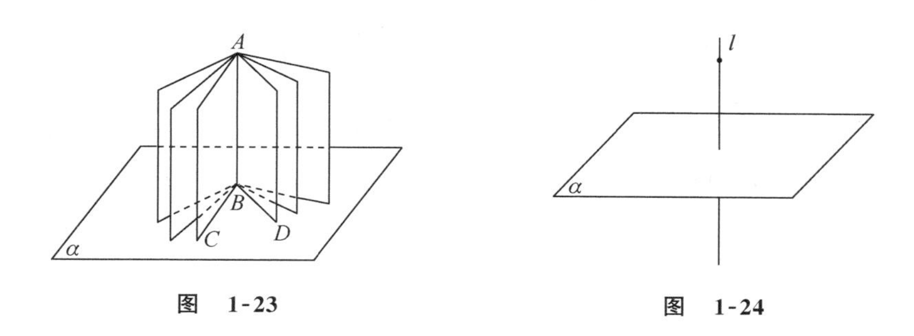

图　1-23　　　　图　1-24

如果一条直线与平面内任何一条直线都垂直，那么就称这条**直线和**这个**平面互相垂直**. 这条直线叫作这个**平面的垂线**；这条直线和平面的交点叫作**垂线足(垂足)**.

过平面外一点引一个平面的垂线，这个点和垂足间的距离称为这个**点到**这个**平面的距离**.

直线 l 和平面 α 互相垂直，记作 $l\perp\alpha$(如图 1-24 所示).

在空间过一点有且只有一条直线和一个平面垂直；过一点有且只有一个平面和一条直线垂直.

直线与平面垂直的判定定理　如果一条直线垂直于平面内的两条相交直线，那么这条直线就垂直于这个平面(如图 1-25 所示).

直线与平面垂直的性质定理　如果两条直线同垂直于一个平面，那么这两条直线互相平行(如图 1-26 所示).

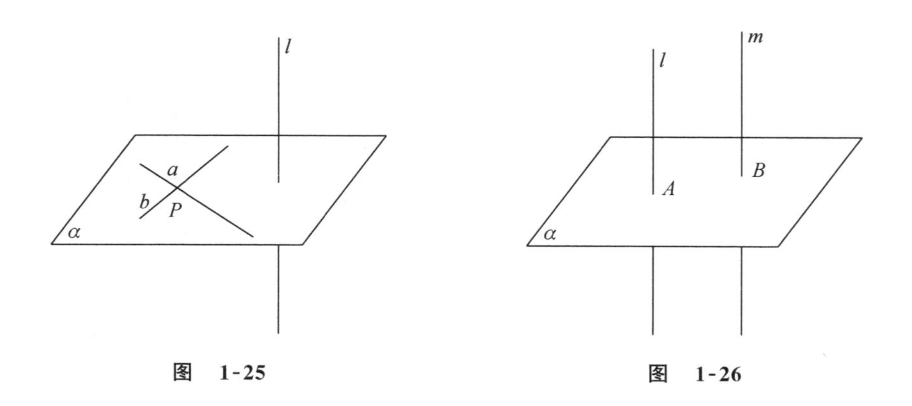

图　1-25　　　　图　1-26

例 3　如图 1-27 所示，已知 S 是 $\triangle ABC$ 所在平面外一点，$SA\perp$平面 ABC，$AB\perp BC$，$AE\perp SB$，交 SB 于 E，求证 $AE\perp SC$.

证明　因为 $SA\perp$平面 ABC，$BC\subset$平面 ABC，所以

$$SA\perp BC,$$

又 $AB\perp BC$，所以

$$BC\perp 平面\ SAB,$$

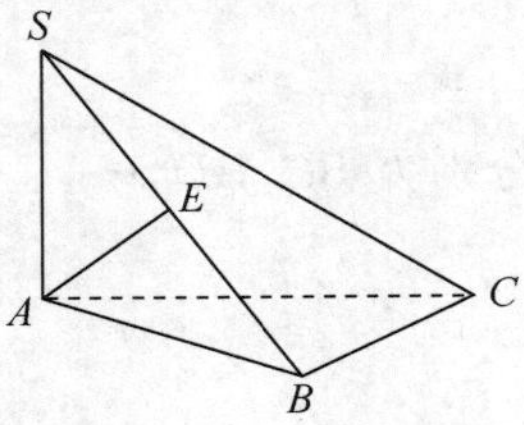

又 $AE \subset$ 平面 SAB,所以

$$BC \perp AE,$$

又 $AE \perp SB$,所以

$$AE \perp \text{平面 } SBC,$$

而 $SC \subset$ 平面 SBC,因此

$$AE \perp SC.$$

图 1-27

例 4 如图 1-28 所示,已知四棱锥 $P-ABCD$ 底面 $ABCD$ 为菱形,$PA \perp$ 平面 $ABCD$,$\angle ABC=60°$,E 是 BC 的中点,证明 $AE \perp PD$.

证明 在 $\triangle ABC$ 中,$AB=BC$,$\angle ABC=60°$,所以 $\triangle ABC$ 为等边三角形,E 是 BC 的中点,因此

$$AE \perp BC,$$

而 $BC /\!/ AD$,所以

$$AE \perp AD,$$

又 $PA \perp$ 平面 $ABCD$,$AE \subset$ 平面 $ABCD$ 中,所以

$$PA \perp AE,$$

因此

$$AE \perp \text{平面 } PAD,$$

而 $PD \subset$ 平面 PAD,所以

$$AE \perp PD.$$

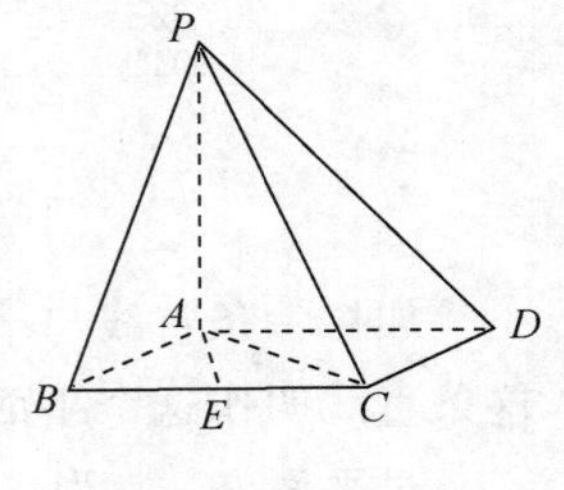

图 1-28

四、直线与平面斜交

1. 斜线及其在平面内的射影

一条直线和平面相交但不和它垂直,这条直线就叫作这个**平面的斜线**,斜线和平面的交点叫作**斜线足**(或**斜足**).

过平面外一点,向这个平面引垂线和斜线.从这点到垂足间的线段叫作从这点到这平面的**垂线段**;从这点到斜线足间的线段,叫作从这点到这平面的**斜线段**.斜线足和垂线足之间的线段叫作**斜线段在这个平面内的射影**.过斜足和垂足的直线叫作**斜线在这个平面内的射影**.

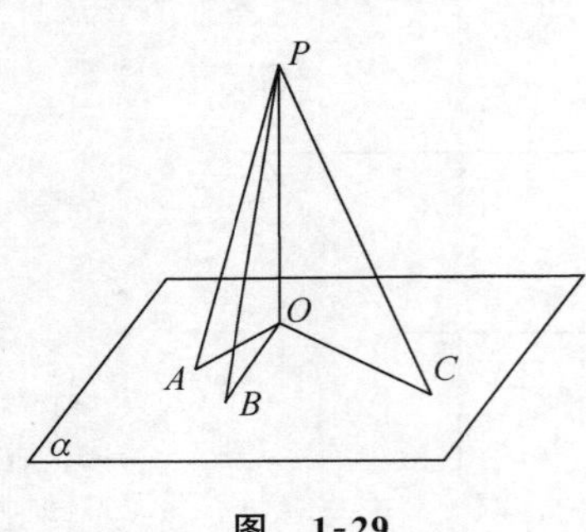

图 1-29

如图 1-29 所示,PA、PO 分别是从点 P 到平面 α 的斜线段、垂线段,O 是垂足,A 是斜足,OA 是斜线段 PA 在平面 α 内的射影,并且 $\triangle POA$ 为直角三角形.

根据直角三角形的性质,容易看出:

从平面外一点向这个平面所引的垂线段和斜线段中,

(1) 射影相等的两条斜线段的长相等,射影较长的斜线段也较长;

(2) 相等的斜线段的射影相等,较长的斜线段的射影也较长;

(3) 垂线段的长度比任何一条斜线段的长度都短.

例 5 一根直杆垂直于地面,从杆顶向地面紧拉一绳,绳的另一端距杆足 6 m,又知绳比杆长 2 m.求杆与绳长.

解　如图 1-30 所示，AA'为垂直于地面α的直杆，AB为绳长.

设$AA'=x$，则$AB=(x+2)$，因为$AA'\perp\alpha$，所以$AA'\perp A'B$.

在直角$\triangle AA'B$中，有

$$AA'^2+A'B^2=AB^2,$$

即

$$x^2+6^2=(x+2)^2$$

解之，得

$$x=8, x+2=10.$$

于是所求杆长为 8 m，绳长为 10 m.

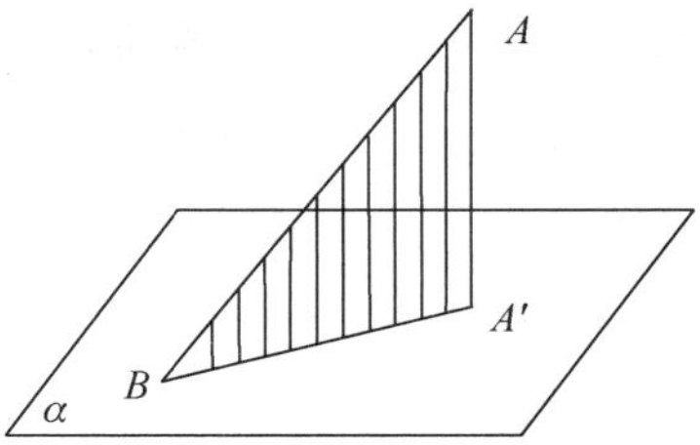

图　1-30

2. 直线与平面所成的角

例如，发射炮弹时，炮筒和地面形成一定的角度，它表示直线对地面的倾斜程度.

我们把一条斜线和它在平面内射影所成的锐角，叫作该**斜线与**这个**平面所成的角**.

我们规定，如果一条直线和一个平面垂直，那么就称这条直线和这个平面成的角是直角. 如果一条直线和一个平面平行，那么就称这条直线和这个平面成 0°角.

如图 1-31 所示，AB与平面α成 0°角，AA'与平面α成直角，AB'与平面α所成的角为θ.

例 6　如图 1-32 所示，等腰$\triangle ABC$的顶点A在平面α外，底边BC在平面α内，已知底边长$BC=16$，腰长$AB=17$，又知点A到平面α的垂线段$AD=10$，求：

(1) 等腰$\triangle ABC$的高AE在平面α内的射影的长；

(2) 斜线AE和平面α所成角的余弦值.

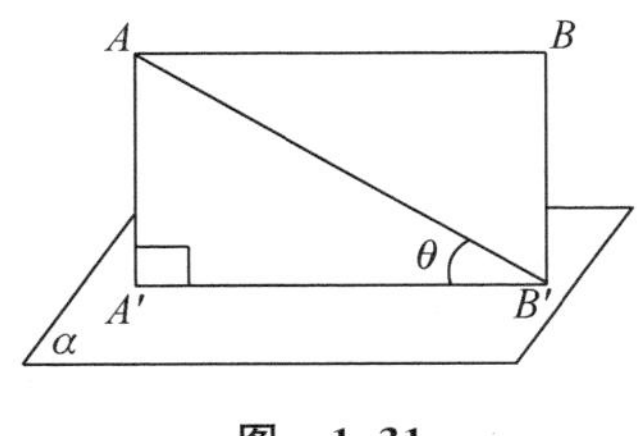

图　1-31

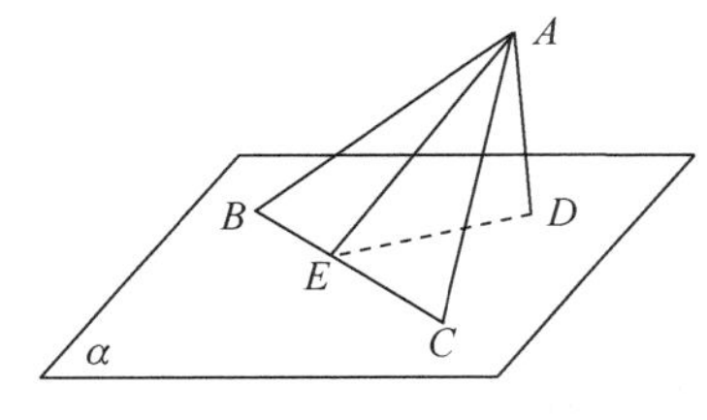

图　1-32

解　(1)因为AD是平面α的垂线，AE是平面α的斜线，故DE为等腰$\triangle ABC$的高AE在平面α内的射影.

在等腰$\triangle ABC$中，$AE\perp BC$，由$BC=16$得，

$$BE=8,$$

所以

$$AE=\sqrt{AB^2-BE^2}=\sqrt{17^2-8^2}=15,$$

因此，在直角三角形ADE中，

$$DE=\sqrt{AE^2-AD^2}=\sqrt{15^2-10^2}=5\sqrt{5}.$$

(2)由(1)知，$\angle AED$即为斜线AE和平面α所成的角，于是

$$\cos\angle AED=\frac{DE}{AE}=\frac{5\sqrt{5}}{15}=\frac{\sqrt{5}}{3}.$$

五、三垂线定理及其逆定理

三垂线定理 平面内的一条直线，如果和该平面的一条斜线在这个平面内的射影垂直，那么它也和这条斜线垂直.

已知 $DE\subset\alpha$，AB 和 AC 分别是平面 α 的垂线和斜线，BC 是 AC 在平面 α 内的射影，$DE\perp BC$（如图 1-33 所示）.

求证 $DE\perp AC$.

证明 因为

$$AB\perp\alpha, DE\subset\alpha,$$

所以

$$AB\perp DE.$$

又由 $DE\perp BC$，得

$$DE\perp \text{平面 } ABC,$$

于是

$$DE\perp AC.$$

这个定理叫作三垂线定理，因为它用到了三条垂线：如果 AB 是平面 α 的垂线，平面 α 内的直线 DE 是斜线 AC 在平面 α 内的射影 BC 的垂线，那么 DE 是 AC 的垂线.

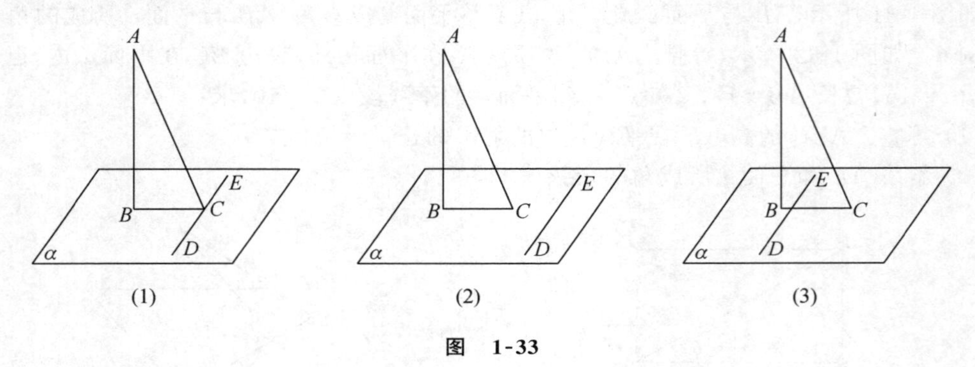

图 1-33

三垂线定理的逆定理 平面内的一条直线，如果和这个平面的一条斜线垂直，那么它也和这条斜线的射影垂直.（请读者自己证明）

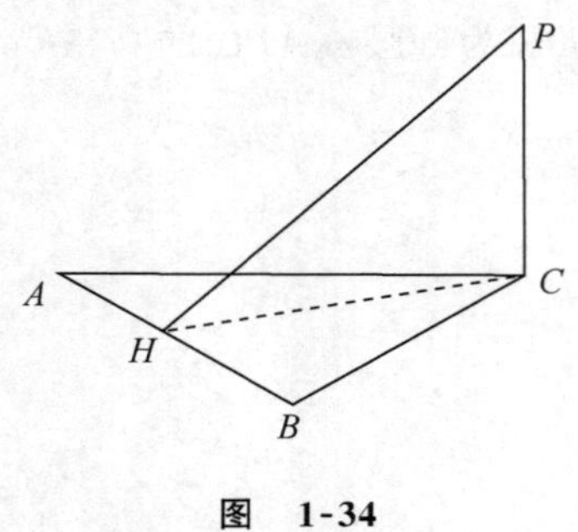

图 1-34

例 7 如图 1-34 所示，在 $\triangle ABC$ 中，$\angle ACB=90^\circ$，$AB=8$，$\angle BAC=60^\circ$，$PC\perp$ 平面 ABC，$PC=4$，M 为 AB 边上一个动点，求 PM 的最小值.

解 作 $CH\perp AB$ 于 H，连接 PH，因为 $PC\perp$ 平面 ABC，由三垂线定理知

$$PH\perp AB,$$

即点 M 在 H 时 PM 最小，在 $\triangle ABC$ 中，易求得

$$CH=2\sqrt{3},$$

则在直角 $\triangle PCH$ 中，

$$PH=\sqrt{PC^2+CH^2}=2\sqrt{7},$$

即 PM 的最小值为 $2\sqrt{7}$.

例 8　如图 1-35 所示，一个等腰$\triangle ABC$的底边BC在平面α内，它的腰在平面上的射影长为 20 cm. 顶点到平面的距离为 30 cm，底边长为 20 cm，求$\triangle ABC$的面积.

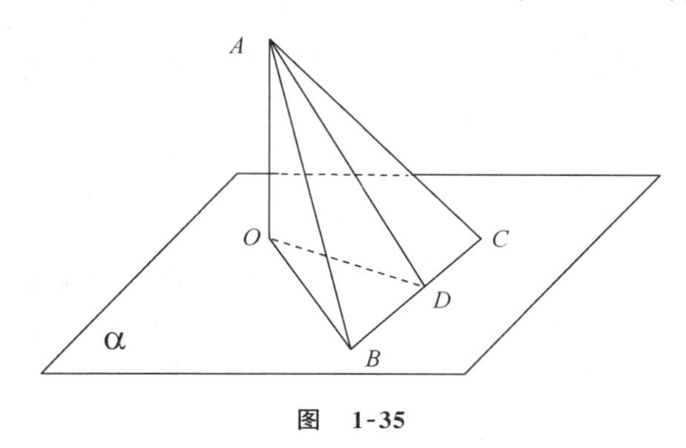

图　1-35

解　设顶点A在平面α上的射影为O，AD是$\triangle ABC$的高，连接AO、OB、OD，则$AO=30\text{ cm}$，$OB=20\text{ cm}$，$BC=20\text{ cm}$.

因为$AO\perp\alpha$，$AD\perp BC$，$BC\subset\alpha$，所以由三垂线定理的逆定理知

$$OD\perp BC.$$

又因为$\triangle AOD$和$\triangle OBD$都是直角三角形，所以由

$$BD=DC=\frac{1}{2}BC=10\text{ cm},$$

可得

$$OD=\sqrt{OB^2-BD^2}=\sqrt{20^2-10^2}=\sqrt{300},$$

$$AD=\sqrt{OD^2+AO^2}=\sqrt{300+900}=20\sqrt{3}(\text{cm}),$$

所以

$$S_{\triangle ABC}=\frac{1}{2}BC\times AD=\frac{1}{2}\times 20\times 20\sqrt{3}=200\sqrt{3}(\text{cm}^2).$$

例 9　如图 1-36 所示，一山坡的倾斜角是 30°，山高 1 200 m，山坡上有一条和山坡底线成 60°的山路，如果沿这条山路走到山顶，那么要走多远的路程？

解　如图 1-36 所示，DF是山顶到地面的垂线，D为垂足，作$CD\perp AB$(AB为山坡底线). 由三垂线定理，知

$$CF\perp AB,$$

在直角$\triangle CDF$中，由$DF=CF\cdot\sin 30°$，得

$$CF=\frac{DF}{\sin 30°}=\frac{1\,200}{\sin 30°},$$

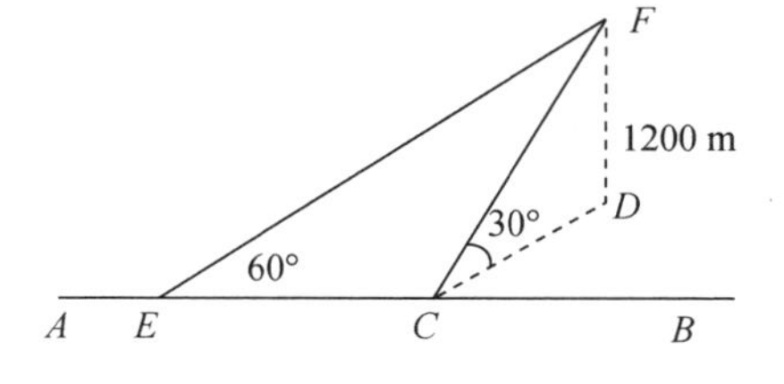

图　1-36

在直角$\triangle CEF$中

$$EF=\frac{CF}{\sin 60°}=\frac{1\,200}{\sin 30°\sin 60°}\approx 2\,771(\text{m})$$

所以，要沿该条山路上 1 200 m 的山峰，要走 2 771 m 的路程.

习题 1-3

1. 判断题：

(1) 若一条直线平行于一个平面，则这条直线就和这个平面的所有直线都平行. ( )

(2) 若一条直线平行于平面内的一条直线，则这条直线就和这个平面平行. ( )

(3) 若一条直线平行于另一条直线，则这条直线就和过另一条直线的平面都平行. ( )

(4) 若两条平行线中的一条平行于一个平面，则另一条直线也与这个平面平行. ( )

(5) 若一条直线垂直于平面内的两条相交直线，则这条直线就和这个平面垂直. ( )

(6) 若一条直线垂直于平面内的两条直线，则这条直线就和这个平面垂直. ( )

(7) 若一条直线垂直于平面内的一条直线，则这条直线就和这个平面垂直. ( )

(8) 平面内的一条直线，如果和这个平面的一条斜线垂直，那么它也和这条斜线在平面内的射影垂直. ( )

2. 填空题：

(1) 如图所示，长方体的六个面都是矩形，那么①与直线 AA_1 平行的平面是________；②与直线 AA_1 垂直的平面是________.

(2) 一条直线和一个平面所成的角为 α，那么 α 的范围是________.

(3) 一条直线和一个平面所成的角为 $90°$，那么这条直线和这个平面的位置关系是________.

(4) 一条直线和一个平面的位置关系有________种，它们分别是________，________，________.

3. 如图所示，在 $\triangle BCD$ 所在平面 α 内有一点 E，$BE=7$ cm，A 为平面 α 外的一点，$AB\perp BC$，$AB\perp BD$，且 $AB=5$ cm. 求：

(1) CD 和 AB 所成的角；

(2) AE 的长(精确到 0.1 cm).

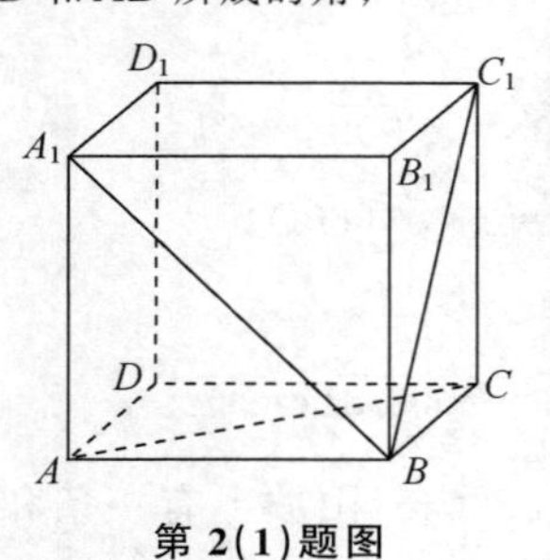

第 2(1) 题图

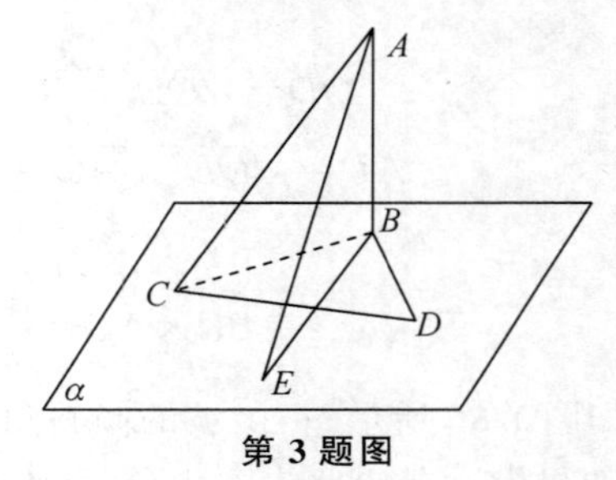

第 3 题图

4. 如图所示，已知 $AS\perp AB$，$AS\perp AD$，四边形 $ABCD$ 是矩形，$AB=9$ cm，$AD=12$ cm，$SC=25$ cm，求点 S 到平面 $ABCD$ 的距离.

5. 如图所示，直角三角形 ACB 在平面 α 内，D 是斜边 AB 的中点，$AC=6$ cm，$BC=8$ cm，$ED\perp\alpha$，$ED=12$ cm. 求线段 EA、EB 和 EC 的长.

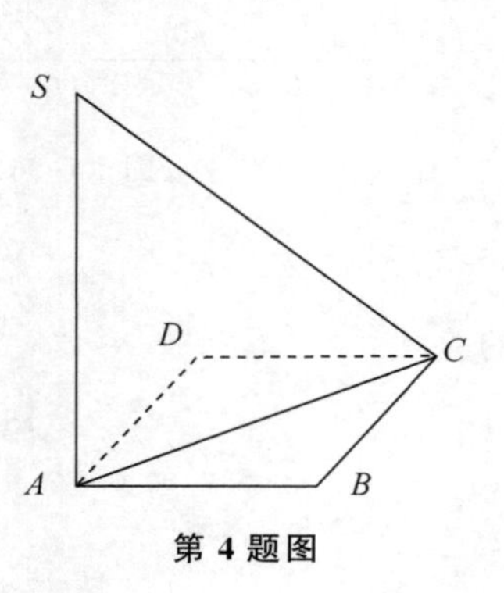

第 4 题图

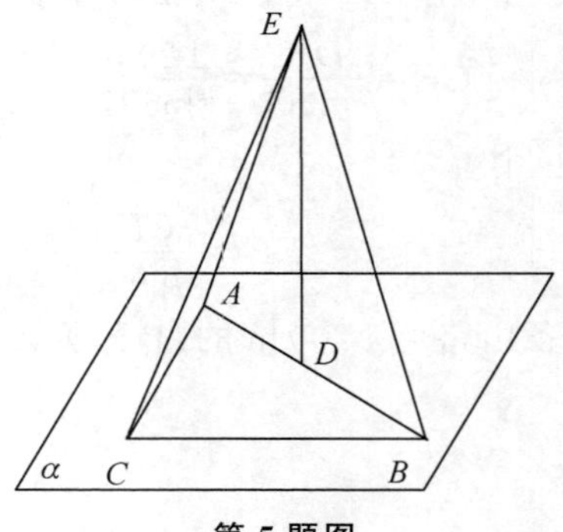

第 5 题图

6. 8 m 高的旗杆 DA 直立在地面上，绳子 DB、DC 分别和杆身成 30°和 45°的角，A、B、C 都在地面上，求线段 DB、DC 的长及 DB、DC 在地面上的射影 BA、CA 的长(精确到 0.1 m).

7. 一个等边三角形的边长为 $3a$，从它所在的平面外一点到它的三个顶点的距离都是等于 $2a$，求这点到这个平面的距离.

8. 平面 α 内有一个正六边形 $ABCDEF$，它的中点是 O，每边的长是 2 cm. OP 垂直于平面 α，并且 OP 的长是 1 cm. 求：

(1) 点 P 到正六边形的各个顶点和各边的距离；

(2) 直线 PA 与平面 α 所成的角.

9. 一个顶角为 120°的等腰三角形，腰长为 24 cm，自顶点引三角形所在的平面的垂线，其长为 12 cm，求垂线的两个端点到三角形底边的距离.

第四节　平面和平面的位置关系

一、两个平面的位置关系

观察图 1-37 中六角螺母的各个面，相邻的两个侧面相交，如侧面 AB' 和侧面 BC' 相交于直线 BB'，而上底面 $A'D'$ 和下底面 AD 没有公共点.

如果两个平面没有公共点，那么称这**两个平面互相平行**.

空间两个不重合的平面，它们的位置关系有两种：

(1) 两个平面平行——没有公共点(如图 1-38 所示).

(2) 两个平面相交——有一条公共直线(如图 1-39 所示).

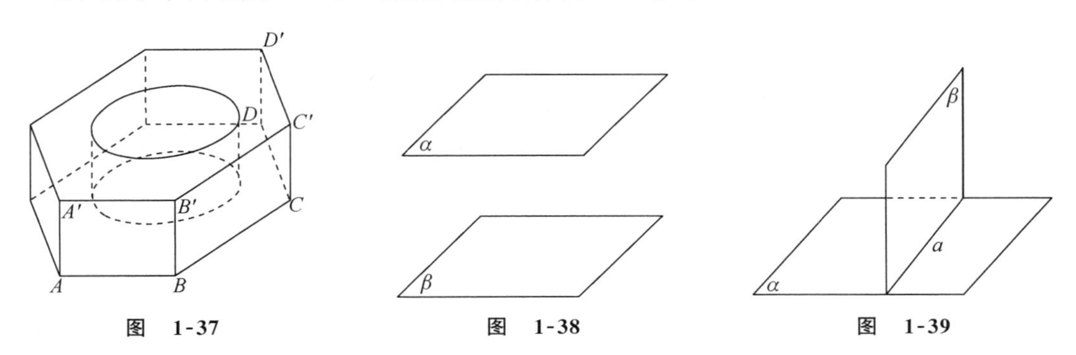

图　1-37　　图　1-38　　图　1-39

画两个相互平行的平面时，要注意使表示平面的两个平行四边形的对应边相平行，如图 1-38 所示，平面 α 和平面 β 平行，记作 $\alpha /\!/ \beta$.

二、平面与平面平行

平面与平面平行的判定定理　如果一个平面内有两条相交直线都平行于另一个平面，那么这两个平面平行(如图 1-40 所示).

例如，在判断一个平面是否水平时，把水准器在这个平面内交叉的放两次，如果水准器的气泡都是居中的，可判断这个平面和水平面平行，就是利用这个定理.

由上面的定理可得以下推论：

推论 1　如果一个平面内的两条相交直线，分别和另一个平面内的两条直线平行，那么这两个平面平行(如图 1-41 所示).

推论 2 垂直于同一条直线的两个平面互相平行(如图 1-42 所示).

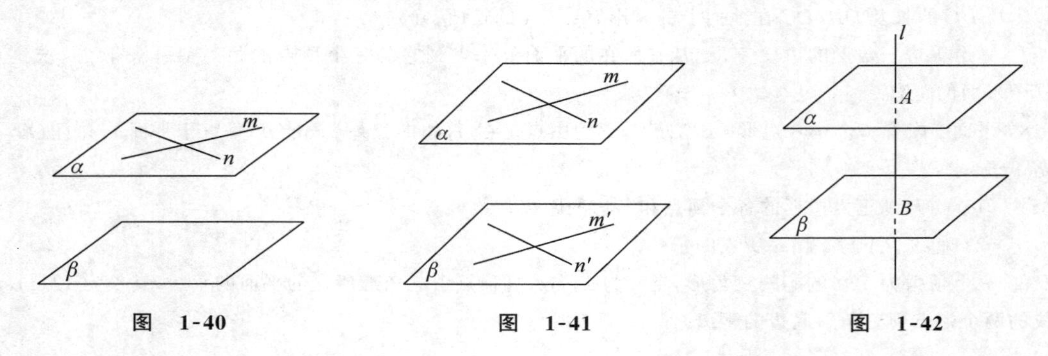

图 1-40　　图 1-41　　图 1-42

在安装车轮时,要使两个轮子相互平行,只要使轴两端的两轮子都垂直于轴就行了.这就是推论 2 的一个应用.

平面与平面平行的性质定理 1 如果两个平行平面分别和第三个平面相交,那么它们的交线平行(如图 1-43 所示).

平面与平面平行的性质定理 2 夹在两个平行平面间的平行线段的长相等(如图 1-44 所示).

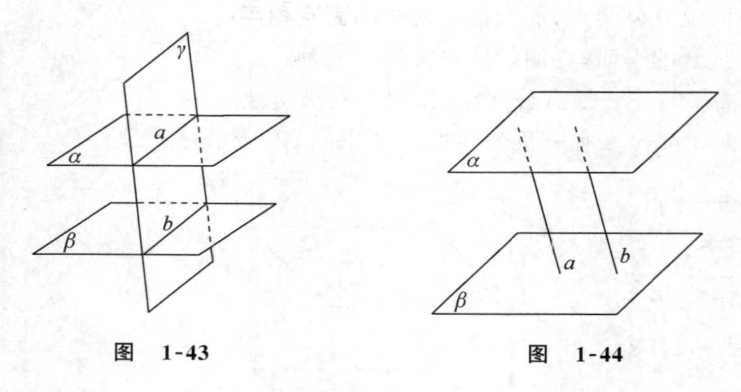

图 1-43　　图 1-44

由此可知,夹在两个平行平面间的垂直线段的长最短,我们把这个垂直线段的长叫作**两个平面间的距离**(如图 1-45 所示).

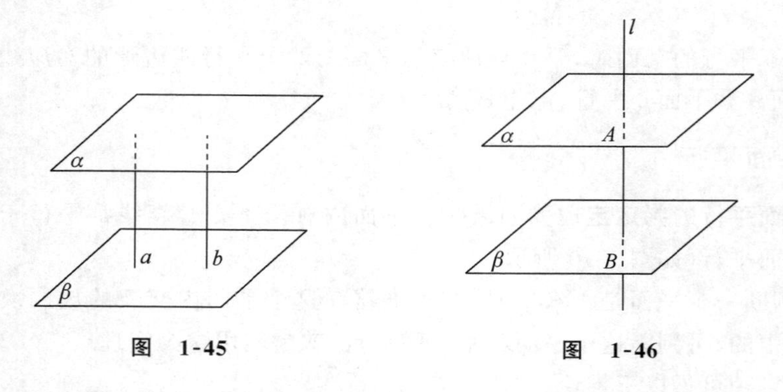

图 1-45　　图 1-46

平面与平面平行的性质定理 3 如果一条直线垂直于两个平行平面中的一个平面,那么这条直线也垂直于另一个平面(如图 1-46 所示).

例 1　如图 1-47 所示，自两个平行平面外一点 M，作两条直线与这两个平面相交，设其中一条直线交这两个平面于 A、B 两点，另一条直线交这两个平面于 A_1、B_1 两点. 如果 $BB_1=28\,\text{cm}$，$MA:AB=5:2$，求线段 AA_1 的长.

解　如图 1-47 所示，由平面与平面平行的性质定理 1 可知

$$AA_1 /\!/ BB_1,$$

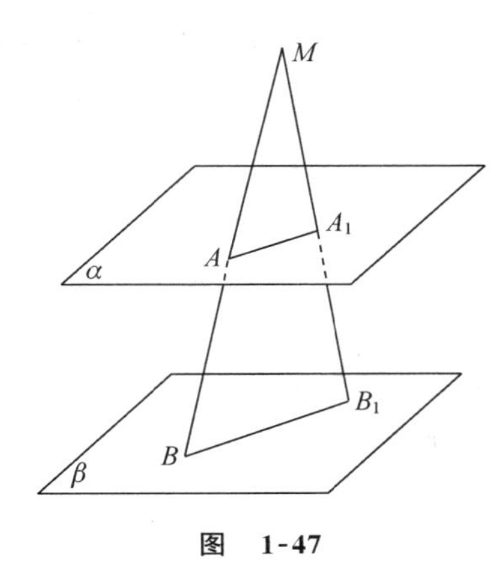

图　1-47

所以

$$\triangle AMA_1 \backsim \triangle BMB_1,$$

于是有

$$\frac{MA}{MB}=\frac{AA_1}{BB_1},$$

则

$$\frac{MA}{MB-MA}=\frac{AA_1}{BB_1-AA_1},$$

即

$$\frac{MA}{AB}=\frac{AA_1}{BB_1-AA_1},$$

由已知得

$$\frac{5}{2}=\frac{AA_1}{28-AA_1},$$

解此方程，得

$$AA_1=20(\text{cm}).$$

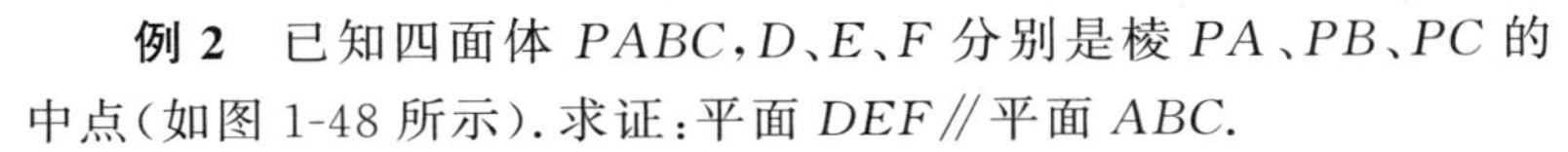

例 2　已知四面体 $PABC$，D、E、F 分别是棱 PA、PB、PC 的中点（如图 1-48 所示）. 求证：平面 $DEF /\!/$ 平面 ABC.

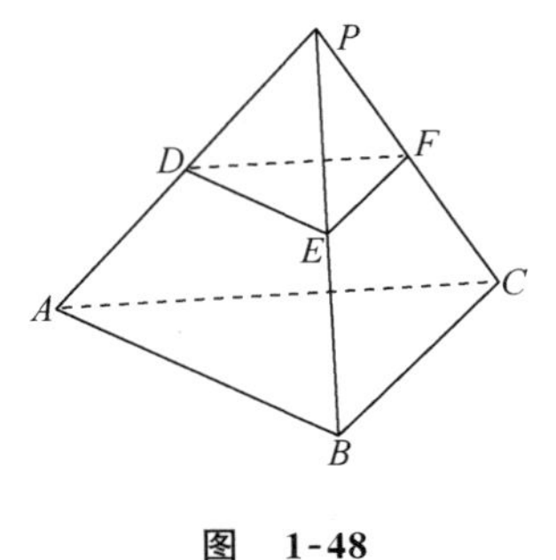

图　1-48

证明　在 $\triangle PAB$ 中，

$$DE /\!/ AB,$$

而 DE 不在平面 ABC 内，所以

$$DE /\!/ \text{平面 } ABC,$$

同理

$$EF /\!/ \text{平面 } ABC,$$

又因

$$DE \cap EF = E,$$

所以由平面与平面平行的判定定理 1，可知

$$\text{平面 } DEF /\!/ \text{平面 } ABC.$$

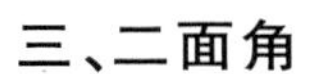

三、二面角

1. 二面角的定义

在修筑水库的堤坝时，为了使大堤坚固耐用，必须考虑到河堤面与地平面组成适当的角度；车刀刀口的两个面要根据用途的不同组成一定的角度. 这些事实说明有必要研究两个平面相交所成的角.

一个平面内的一条直线把这个平面分成两个部分，每一部分叫作**半平面**.

从一条直线出发的两个半平面组成的图形叫作**二面角**. 这条直线叫作**二面角的棱**，这两个半平面叫作**二面角的面**.

如图 1-49 所示的二面角，就是以直线 AB 为棱，α、β 为面的二面角. 通常记作 α-AB-β.

2. 二面角的平面角

以二面角的棱上任意一点为端点，分别在二面角的两个半平面内作垂直于棱的两条射线，这两条射线所成的角叫作**二面角的平面角**.

如图 1-50 所示，从二面角 α-AB-β 的棱 AB 上任取一点 M，分别在半平面 α 和 β 内作射线 $MN\perp AB$，$MP\perp AB$，则角 $\angle NMP$ 就是这个二面角的平面角. 同理，在棱 AB 上另取一点 M'，分别在半平面 α 和 β 内作射线 $M'N'\perp AB$，$M'P'\perp AB$，则角 $\angle N'M'P'$ 也是这个二面角的平面角. 可以证明 $\angle N'M'P'=\angle NMP$.

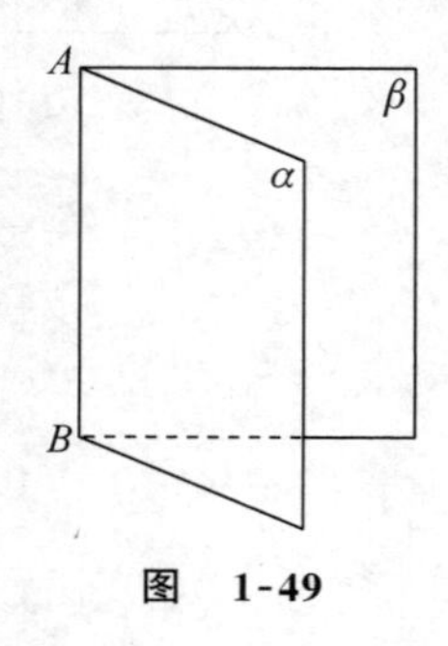

图 1-49

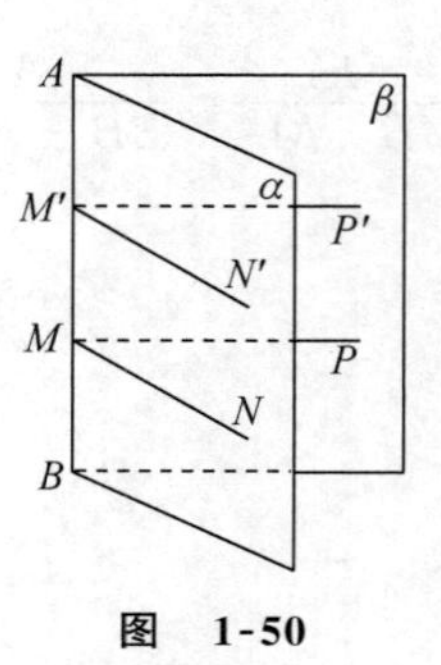

图 1-50

由此可知，二面角的平面角的大小与棱上的点的位置选择无关. 二面角的大小由它的平面角来度量.

例如，一个二面角的平面角是 $n°$，我们就说这个二面角是 $n°$；如果一个二面角的平面角分别为锐角、直角或钝角，我们就分别称这个二面角是锐二面角、直二面角或钝二面角.

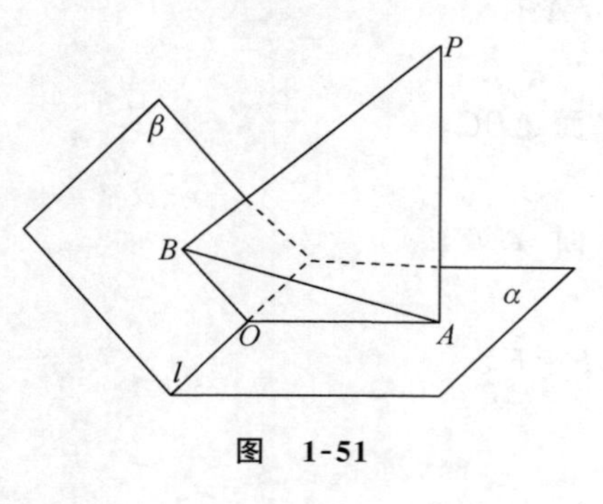

图 1-51

例 3 如图 1-51 所示，P 为二面角 α-l-β 内一点，$PA\perp\alpha$，$PB\perp\beta$，且 $PA=5$，$PB=8$，$AB=7$，求这个二面角的度数.

解 过 PA、PB 的平面 PAB 与棱 l 交于点 O，因 $PA\perp\alpha$，所以

$$PA\perp l,$$

又因 $PB\perp\beta$，所以

$$PB\perp l,$$

因此

$$l\perp \text{平面 } PAB,$$

所以 $\angle AOB$ 即为二面角 α-l-β 的平面角.

因为 $PA=5$，$PB=8$，$AB=7$，由余弦定理，得

$$\cos\angle P=\frac{1}{2},$$

于是

$$\angle P=60^\circ,$$

所以这个二面角的度数为 120°.

四、平面与平面垂直

两个平面相交，如果所成的二面角是直二面角，那么就称这**两个平面互相垂直**.

画两个平面相互垂直时，要把直立平面的竖边画成和水平平面的横边垂直. 平面 α 与平面 β 垂直，记作 $\alpha\perp\beta$(如图 1-52 所示).

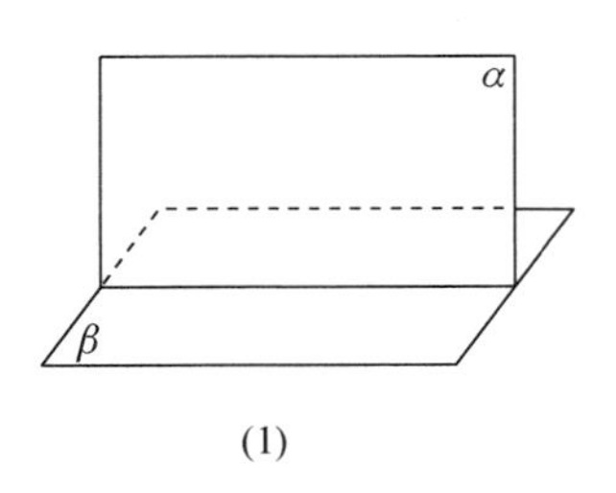

(1)

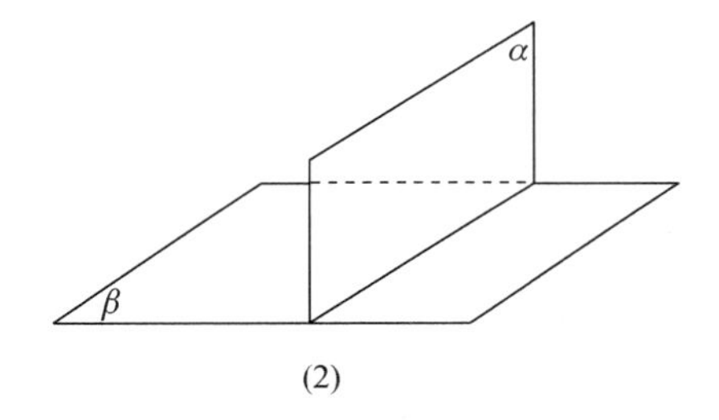

(2)

图　1-52

平面与平面垂直的判定定理　如果一个平面经过另一个平面的一条垂线，那么这两个平面互相垂直(如图 1-53 所示).

建筑工人在砌墙时，常用铅垂线来检查所砌的墙面是否与水平面垂直，就是依据这个定理.

平面和平面垂直的性质定理　如果两个平面互相垂直，那么在其中一个平面内垂直于它们交线的直线，必垂直于另一个平面(如图 1-53 所示).

推论 1　如果两个平面互相垂直，那么经过其中一个平面内任一点且垂直于另一个平面的直线，必在前一个平面内(如图 1-54 所示).

推论 2　如果两相交平面都垂直于第三个平面，那么它们的交线也垂直于第三个平面(如图 1-55 所示).

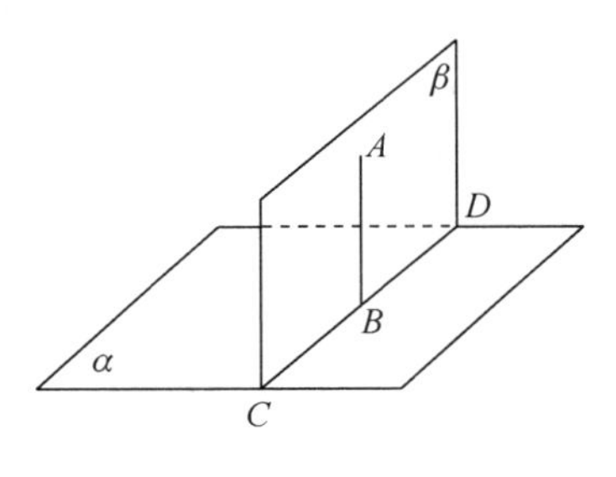

图　1-53

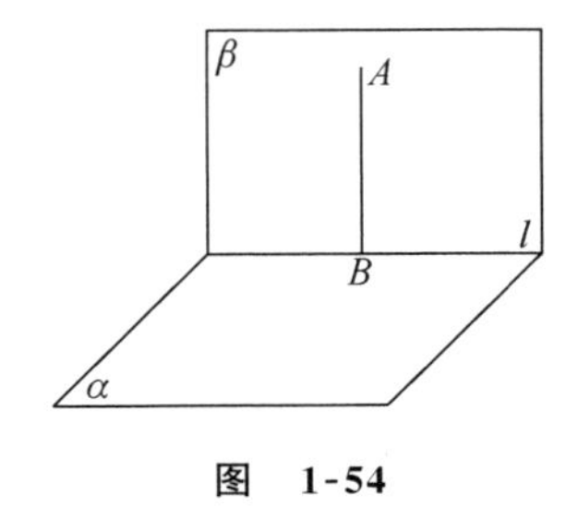

图　1-54

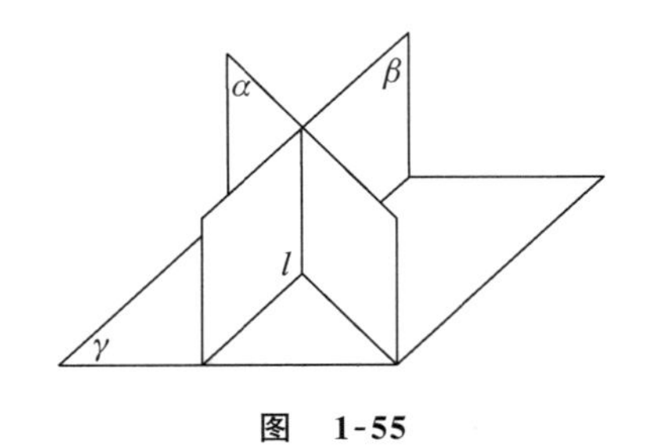

图　1-55

例 4　如图 1-56 所示，在空间四边形 $ABCD$ 中，$DA\perp$ 平面 ABC，$\angle ABC=90^\circ$，$AE\perp CD$，$AF\perp DB$，求证：

(1) $EF\perp DC$；

(2) 平面 $DBC\perp$ 平面 AEF.

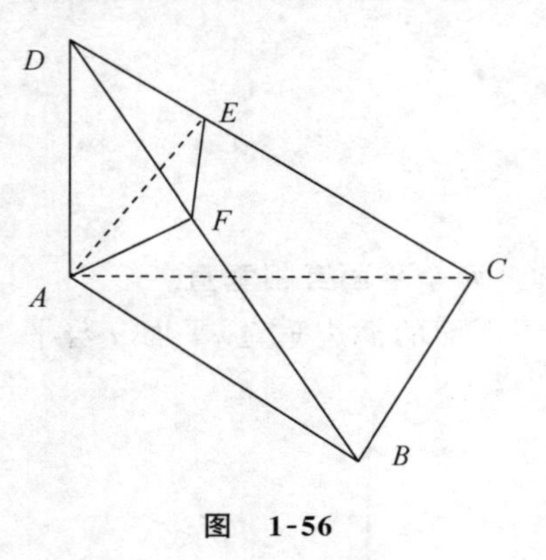

图 1-56

证明 （1）因为 $AD\perp$平面 ABC，所以

$$AD\perp BC,$$

又 $BC\perp AB$，所以

$$BC\perp 平面 ABD,$$

于是

$$BC\perp AF,$$

又 $AF\perp DB$，所以

$$AF\perp 平面 BCD,$$

因此

$$AF\perp CD,$$

又 $AE\perp CD$，所以

$$CD\perp 平面 AEF$$

故

$$EF\perp DC.$$

（2）在（1）中已证 $AF\perp$平面 BCD，所以平面 AEF 经过平面 BCD 的一条垂线 AF，因此平面 $DBC\perp$平面 AEF.

例 5 如图 1-57 所示，已知平面 $\alpha\perp\beta$，$\alpha\cap\beta=AB$，在平面 β 内，直线 $CD/\!/AB$，CD 到 AB 的距离为 60 cm. 在平面 α 内，点 E 到 AB 的距离为 91 cm. 求点 E 到直线 CD 的距离.

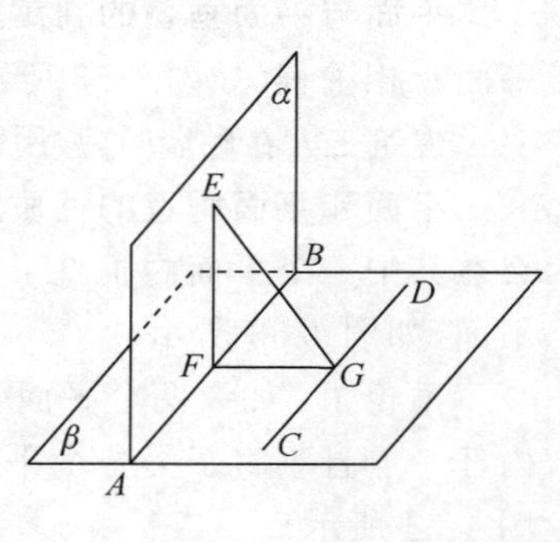

图 1-57

解 在平面 α 内，过点 E 作 $EF\perp AB$，过 F 作 $FG\perp CD$，连接 EG，

显然

$$EG\perp CD.$$

所以 EG 即为点 E 到直线 CD 的距离.

在直角$\triangle EFG$ 中，因为

$$EF=91,FG=60,$$

所以

$$EG=\sqrt{EF^2+FG^2}=\sqrt{91^2+60^2}=109(\text{cm}).$$

习 题 1-4

1. 作下列图形：
   （1）画两个相互平行的平面；
   （2）画一个平面与两个平行平面相交；
   （3）画两个互相垂直的平面；
   （4）画一个平面与两个相交平面垂直.
2. 判断下面的命题是否正确：
   （1）如果一个平面内的一条直线平行于另一个平面内的一条直线，那么这两个平面平行 （ ）
   （2）如果一个平面内的两条平行直线分别平行于另一个平面内的两条直线，那么这两个平面平行 （ ）
   （3）如果一个平面内的两条相交直线分别平行于另一个平面内的两条直线，那么这两个平面平行 （ ）

(4) 如果两个平面互相平行，那么其中一个平面内的任何直线都平行于另一个平面　(　)

(5) 如果两个平面互相平行，那么分别在这两个平面内的直线都互相平行　(　)

3. 填空题：

(1) 空间两个不重合的平面，它们的位置关系有两种，分别是________、________；

(2) 二面角的大小是用它的________来度量的，它的平面角的大小和________无关.

4. 两条线段夹在两个平行平面之间，这两条线段在平面内的射影的长为 1 dm 和 7 dm. 若两条线段的长相差 4 dm，试求这两条线段的长和这两个平行平面之间的距离.

5. 两个平行平面之间的距离等于 2 m，一直线和它们相交成 $60°$ 角，求直线夹在两个平面之间的线段的长.

6. 平面 α 内有直角三角形 ABC，它的两条直角边分别是 5 cm 和 12 cm，从 α 外一点 S 作线段 SA、SB、SC，延长后与平行于 α 的平面 β 分别交于点 A_1、B_1、C_1，设 $SA:AA_1=3:2$，求 $\triangle A_1B_1C_1$ 的面积.

7. 在 $45°$ 的二面角的一个面内有一个已知点，它到另一个面的距离是 5 cm，求这点到棱的距离.

8. 斜坡 α 平面和水平平面 β 相交于坡脚的直线 AB，并且组成 $12°$ 的二面角，如果在平面 α 内沿着一条与 AB 垂直的道路前进，向前进 100 m 时大约升高多少米(精确到 1 m)？

9. 一个直二面角内有一点，它到两个面的距离分别是 5 cm 和 12 cm，求这点到直二面角棱的距离.

*第五节　空间图形的计算

一、多面体

由几个多边形围成的封闭几何体叫作**多面体**. 图 1-58 中的几何体都是多面体.

围成多面体的各个多边形叫作**多面体的面**，每两个相邻的面的交线叫作**多面体的棱**. 棱与棱的交点叫作**多面体的顶点**. 不在同一平面的两个顶点的连线叫作**多面体的对角线**. 多面体至少有四个面，多面体按它有的面数可分为四面体、五面体、六面体等(如图 1-59 所示). 常见的多面体有棱柱、棱锥、棱台等.

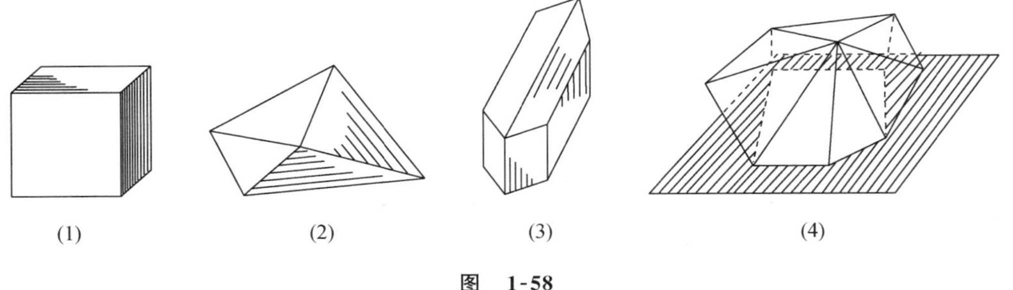

图　1-58

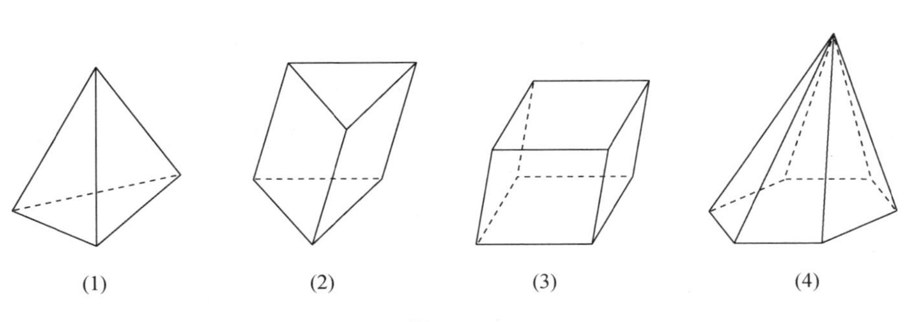

图　1-59

1. 棱柱

(1) 棱柱的概念

有两个平面互相平行，其余每相邻的两个面的交线都互相平行的多面体，称为**棱柱**. 互相平行的两个面叫作**棱柱的底面**，其余各面叫作**棱柱的侧面**. 两相邻侧面的交线叫作棱柱的**侧棱**，两底面间的距离叫作**棱柱的高**. 经过不在同一侧面内的任意两条侧棱所做的截面叫作**棱柱的对角截面**，垂直于棱柱的侧棱(或延长线)的截面叫作这个**棱柱的直截面**.

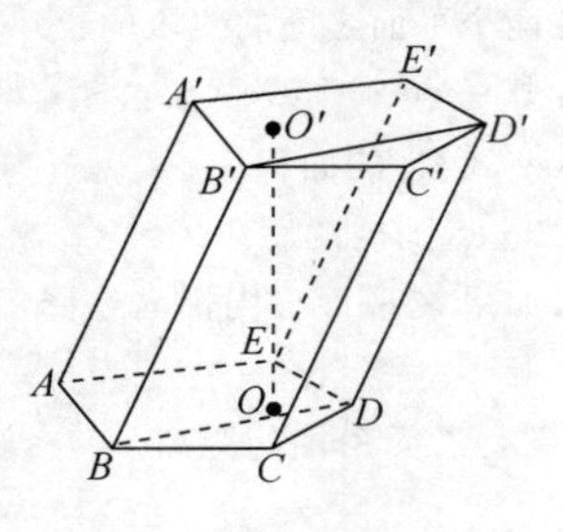

图　1-60

如图 1-60 所示，五边形 $ABCDE$ 和 $A'B'C'D'E'$ 是棱柱的底面；AA'、BB'、CC'、DD' 和 EE' 是棱柱的侧棱；OO' 是棱柱的高；$BB'D'D$ 是棱柱的对角截面.

棱柱的表示方法是写出两个底面的各个顶点的字母，中间用一条短线连接. 如图 1-60 中的棱柱可表示为棱柱 $ABCDE-A'B'C'D'E'$，有时也可只用棱柱的某一条对角线两端的字母来表示，如棱柱 AD' 或 $A'C$ 等.

侧棱与底面不垂直的棱柱叫作**斜棱柱**(如图 1-61(1)所示)；侧棱与底面垂直的棱柱叫作**直棱柱**(如图 1-61(2)、(3)所示)；底面是正多边形的直棱柱叫作**正棱柱**(如图 1-61(3)所示).

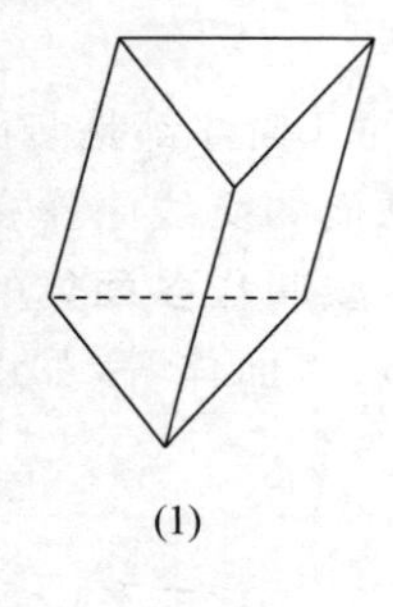
(1)

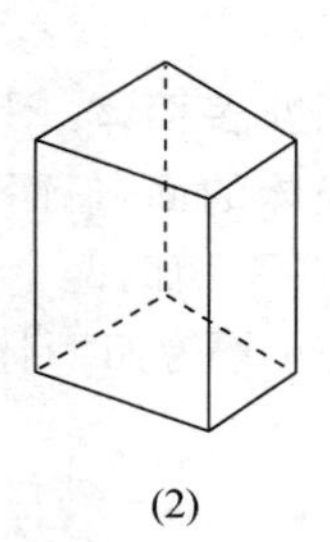
(2)

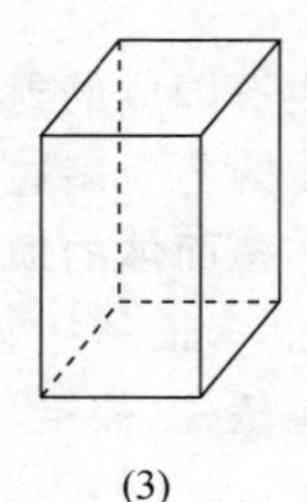
(3)

图　1-61

(2) 正棱柱的主要性质

① 侧棱互相平行，且与高相等；

② 侧面都是全等的矩形；

③ 两个底面是全等的正多边形.

在棱柱中，底面为平行四边形的棱柱叫作**平行六面体**. 显然，它的上、下底面及四个侧面均为平行四边形.

按侧棱和底面是否垂直来分，平行六面体有以下几种类型：侧棱和底面斜交的平行六面体叫作**斜平行六面体**(如图 1-62(1)所示)；侧棱和底面垂直的平行六面体，叫作**直平行六面体**(如图 1-62(2)所示)；底面是矩形的直平行六面体叫作**长方体**(如图 1-62(3)所示)；所有棱都相等的长方体叫作**正方体**或**立方体**(如图 1-62(4)所示).

长方体除具有直棱柱的性质外，还有以下性质：

长方体的六个面都是矩形(正方体的六个面都是全等的正方形)，它们的四条对角线相等且交于一点，其长度的平方等于三度的平方和(长方体的长度、宽度、高度叫作长方体的三度).

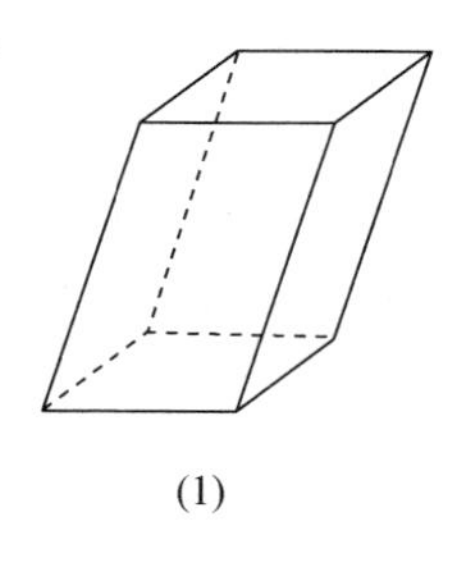

(1)

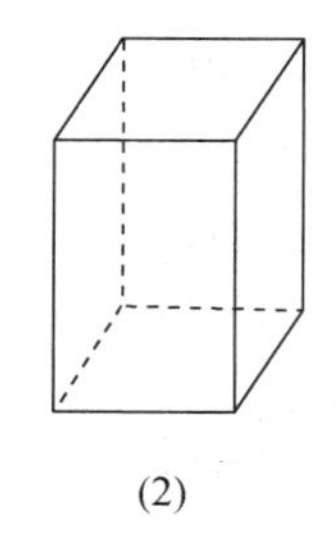

(2)

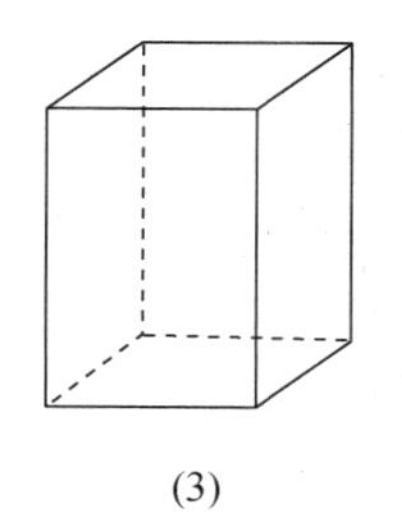

(3)

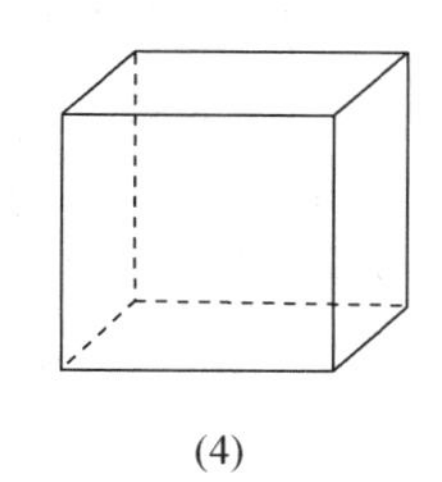

(4)

图　1-62

如图 1-63 所示，设长方体 $ABCD\text{-}A'B'C'D'$ 的四条对角线交于点 O，设它的长、宽和高分别为 a、b 和 c，则其对角线的长 d 满足

$$d^2=a^2+b^2+c^2.$$

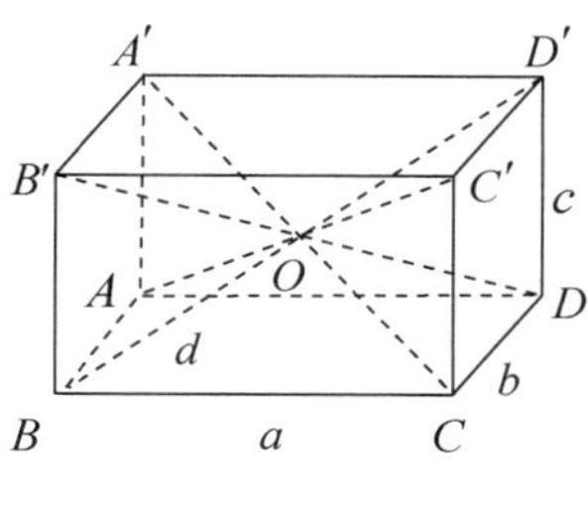

图　1-63

例 1　一个长方体的长是 12 cm，宽是 9 cm，高是 8 cm，求对角线的长.

解　设所求的长方体的对角线长为 d，则

$$d^2=12^2+9^2+8^2=289,$$

故

$$d=\sqrt{289}=17(\text{cm}).$$

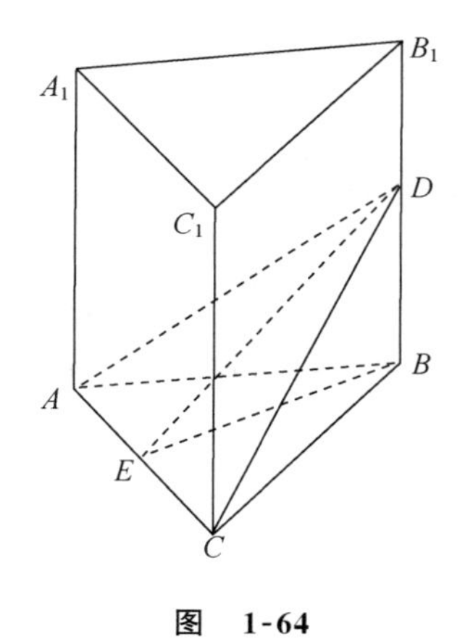

图　1-64

例 2　如图 1-64 所示，已知直棱柱 $ABC-A_1B_1C_1$ 的底面为等腰三角形，$AC=2$ cm，$AB=BC=7$ cm，过 AC 作一截面 ACD，与底面 ABC 成 30°，与侧棱 BB_1 交于 D，求线段 BD 的长.

解　过 B 作 $BE\perp AC$，连接 DE，显然 $\angle DEB=30°$.

在直角 $\triangle BEC$ 中，因为

$$BC=7,EC=\frac{1}{2}AC=1,$$

所以

$$BE=\sqrt{BC^2-EC^2}=\sqrt{7^2-1^2}=4\sqrt{3},$$

在直角 $\triangle DEB$ 中，

$$BD=BE\tan\angle DEB=4\sqrt{3}\tan 30°=4\sqrt{3}\times\frac{\sqrt{3}}{3}=4(\text{cm}).$$

2. 棱锥

(1) 棱锥的概念

有一个面是多边形，其余各面是有一个公共顶点的三角形，这样的多面体叫作**棱锥**. 这个多边形的面叫作**棱锥的底面**，其余三角形的面叫作**棱锥的侧面**. 两相邻侧面的交线叫作**棱锥的侧棱**. 各侧面的公共点叫作**棱锥的顶点**. 从顶点到底面的距离叫作**棱锥的高**. 经过不在同一侧面内的任意两条侧棱的截面叫作棱锥的**对角截面**.

图 1-65 所示的棱锥中，多边形 $ABCDE$ 是底面；$\triangle ASB$，$\triangle BSC$，…，$\triangle ESA$ 是侧面，SA，SB，…，SE 是侧棱；S 是顶点；SO 是高；$\triangle SBE$ 是棱锥的一个对角截面.

棱锥的表示方法是先写出顶点的字母，然后再写出底面各顶点的字母，中间用一条短线

连接.图 1-65 所示的棱锥可表示为棱锥 S-$ABCDE$.在不引起混淆的情况下,有时也可只用顶点的一个字母来表示,如棱锥 S.

如果棱锥的底面是正多边形,并且顶点在底面的射影是底面正多边形的中心,那么这样的棱锥称为**正棱锥**(如图 1-66 所示).以棱锥底面多边形的边数来分,有三棱锥、四棱锥、五棱锥等等.

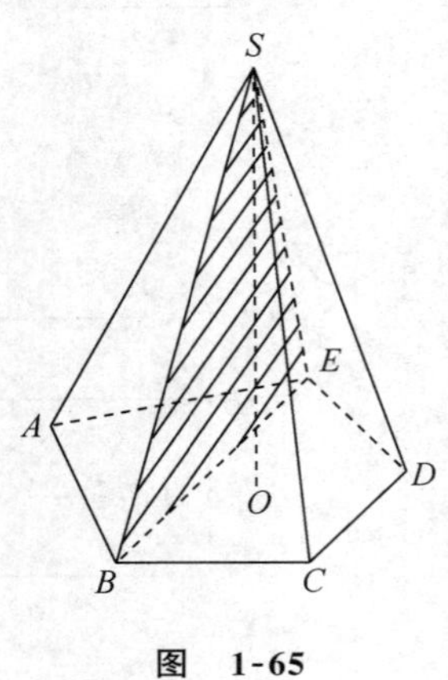

图 1-65

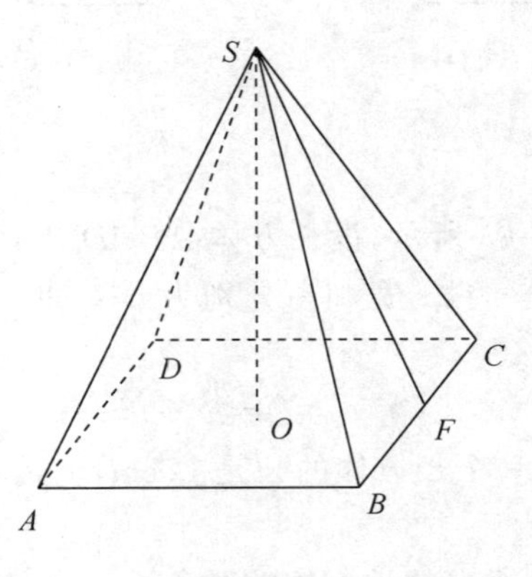

图 1-66

(2) 正棱锥的主要性质

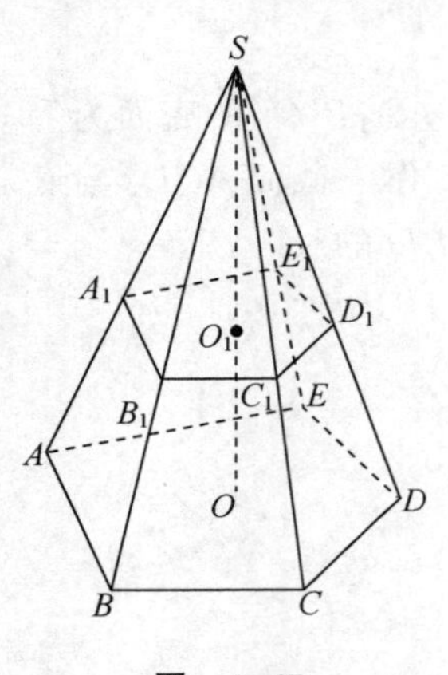

图 1-67

① 侧棱长都相等;

② 侧面都是全等的等腰三角形,这些等腰三角形的底边上的高相等,这个高叫作正棱锥的**斜高**,如图 1-66 中的 SF;

③ 顶点和底面中心的连线垂直于底面;

④ 侧棱和底面所成的角都相等,侧面和底面所成的二面角都相等.

如图 1-67 所示,设 SO 为棱锥的高;$A_1B_1C_1D_1E_1$ 为棱锥 S 的一个平行截面(平行于底面的截面),它与 SO 交于 O_1;则有以下结论:

(Ⅰ) $\dfrac{SO_1}{SO}=\dfrac{SA_1}{SA}=\dfrac{SB_1}{SB}=\cdots=\dfrac{SE_1}{SE}$;

(Ⅱ) 多边形 $A_1B_1C_1D_1E_1\backsim$多边形 $ABCDE$;

(Ⅲ) $\dfrac{S_{A_1B_1C_1D_1E_1}}{S_{ABCDE}}=\dfrac{SO_1^2}{SO^2}$.

例 3 已知正六棱锥 S 的底面边长为 a,侧棱和底面的边所成的角为 θ,求此正六棱锥的高.

解 如图 1-68 所示,设 SO 为正六棱柱的高,SM 为斜高.则 OM 就是底面正六边形的边心距.因为

$$\angle SAM=\theta,AM=\frac{1}{2}AB=\frac{1}{2}a,$$

所以

$$SM=AM\cdot\tan\angle SAM=\frac{a}{2}\tan\theta,$$

又因为$\angle OAM=60°$,所以

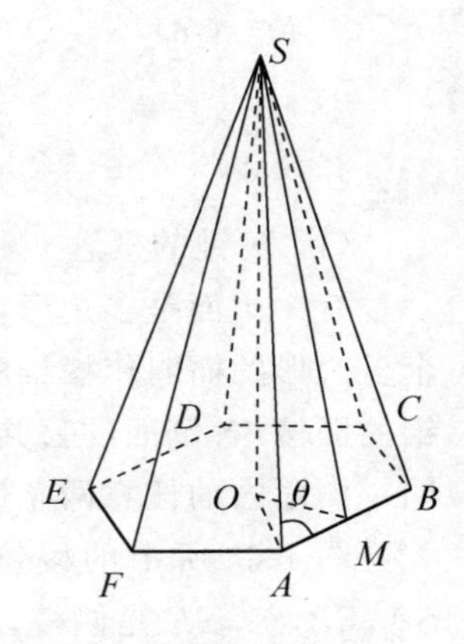

图 1-68

$$OM=OA\cdot\sin\angle OAM=a\sin 60^{\circ}=\frac{\sqrt{3}}{2}a,$$

所以

$$SO=\sqrt{SM^2-OM^2}=\sqrt{\left(\frac{a}{2}\tan\theta\right)^2-\left(\frac{\sqrt{3}}{2}a\right)^2}$$
$$=\sqrt{\frac{a^2}{4}\tan^2\theta-\frac{3}{4}a^2}=\frac{a}{2}\sqrt{\tan^2\theta-3},$$

即正六棱锥的高为$\frac{a}{2}\sqrt{\tan^2\theta-3}$.

3. 棱台

(1) 棱台的概念

用一个平行截面去截棱锥,底面和平行截面间的部分叫作**棱台**. 这两个平行的面叫作**棱台的底面**,原棱锥的底面叫作下底面,平行截面叫上底面,其余的面叫作**棱台的侧面**. 两相邻侧面的交线叫作**棱台的侧棱**. 两底面之间的距离叫**棱台的高**. 经过不在同一侧面内的任意两条侧棱的截面叫作**棱台的对角截面**.

如图 1-69 所示,用平行截面 $A_1B_1C_1D_1E_1$ 去截棱锥 $S-ABCDE$,棱锥的底面 $ABCDE$ 与截面 $A_1B_1C_1D_1E_1$ 间的部分就是棱台. $ABCDE$ 是下底面,$A_1B_1C_1D_1E_1$ 是上底面;A_1B_1BA、B_1C_1CB、…、E_1A_1AE 是侧面;A_1A、B_1B、…、E_1E 是侧棱;O_1O 是高;AA_1D_1D 是一个对角截面.

棱台的表示方法与棱柱相同,图 1-69 中的棱台可表示为棱台 $ABCDE\text{-}A_1B_1C_1D_1E_1$ 或棱台 AD_1.

由正棱锥截得的棱台叫作**正棱台**.

注意

有些多面体看上去像棱台,实际上不是棱台. 棱台的特征是:它的两个底面不但平行,并且各侧棱延长线必相交于同一点. 如图 1-70 所示的多面体就不是棱台.

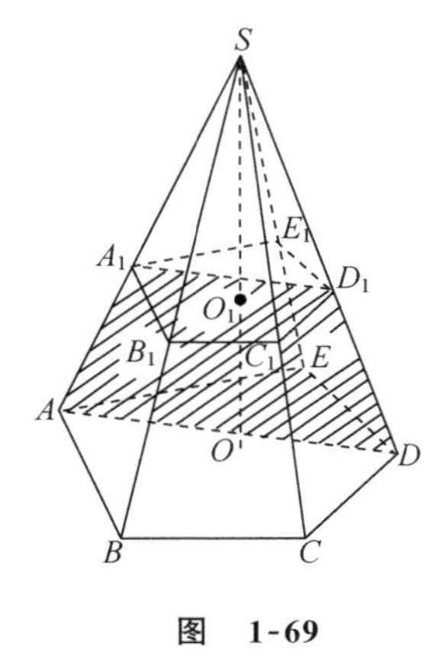

图 1-69

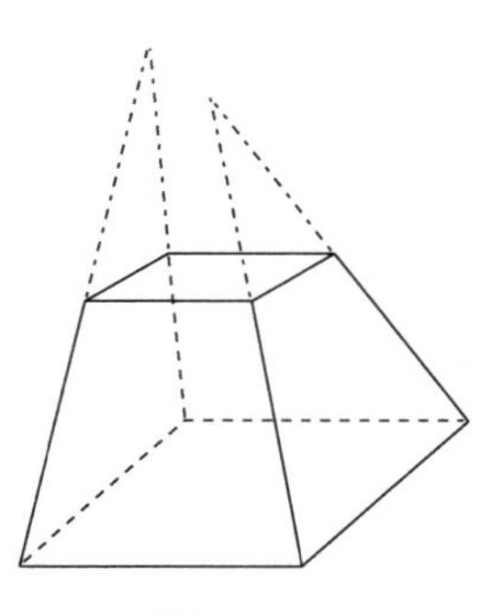

图 1-70

(2) 正棱台的主要性质

① 侧棱长都相等;

② 各侧面都是全等的等腰梯形,这些等腰梯形的高都相等,这个高叫作**正棱台的斜高**,

如图 1-71 中的 EE_1；

③ 上底面和下底面是相似的正多边形；

④ 侧棱和底面所成的角都相等，侧面和底面所成的二面角都相等；

⑤ 两底面中心的连线垂直于底面，这条连线的长就是正棱台的高如图 1-71 中的 OO_1.

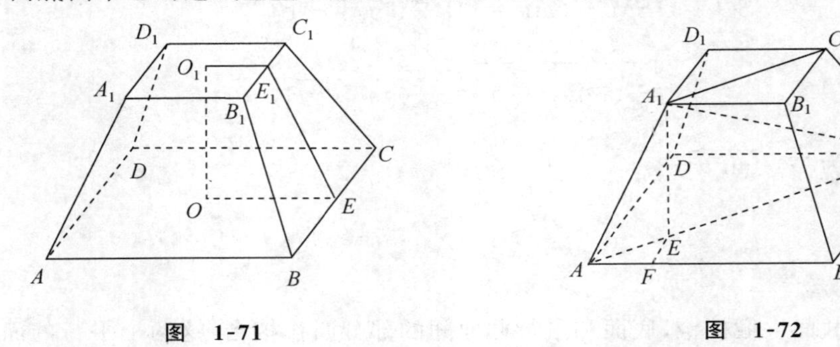

图 1-71　　图 1-72

例 4　如图 1-72 所示，正四棱台的对角线 $A_1C=9$ cm，两个底面边长分别为 5 cm、7 cm，求它的高.

解　连接 AC，在平面 A_1AC 内作 $A_1E\perp AC$，交 AC 于 E，则 A_1E 即为棱台的高. 再过 E 点作 $EF\perp AB$，交 AB 于 F.

由 $A_1B_1C_1D_1-ABCD$ 为正四棱台且上底边长为 5 cm，下底边长为 7 cm，得

$$AF=EF=\frac{1}{2}(AD-A_1D_1)=\frac{1}{2}(7-5)=1(\text{cm}),$$

于是，在等腰直角$\triangle AFE$ 中，

$$AE=\sqrt{AF^2+EF^2}=\sqrt{2}(\text{cm}),$$

因为，在等腰直角$\triangle ABC$ 中，

$$AC=\sqrt{AB^2+BC^2}=\sqrt{7^2+7^2}=7\sqrt{2}(\text{cm}),$$

所以

$$CE=AC-AE=7\sqrt{2}-\sqrt{2}=6\sqrt{2}(\text{cm}),$$

在直角$\triangle A_1EC$ 中，

$$A_1E=\sqrt{A_1C^2-CE^2}=\sqrt{9^2-(6\sqrt{2})^2}=3(\text{cm}),$$

即该棱台的高为 3 cm.

二、旋转体

1. 圆柱、圆锥、圆台

(1) 圆柱、圆锥、圆台的概念

分别以矩形的一边、直角三角形的一直角边、直角梯形垂直于底边的腰所在的直线为旋转轴，旋转一周而形成的几何体分别叫作**圆柱**、**圆锥**、**圆台**，旋转轴叫作它们的**轴**. 在轴上的边的长度叫作它们的**高**. 垂直于轴的边旋转而成的圆面叫作它们的**底面**. 不垂直于轴的边旋转而成的曲面叫作它们的**侧面**. 无论旋转到什么位置，这条边叫作侧面的**母线**(如图 1-73 所示). 直线 OO'、SO 是轴，线段 OO'、SO 是高，AA'、BB'、SA、SB 等是母线.

很明显，圆台也可以看做是用平行于圆锥底面的平面所截而得到的.

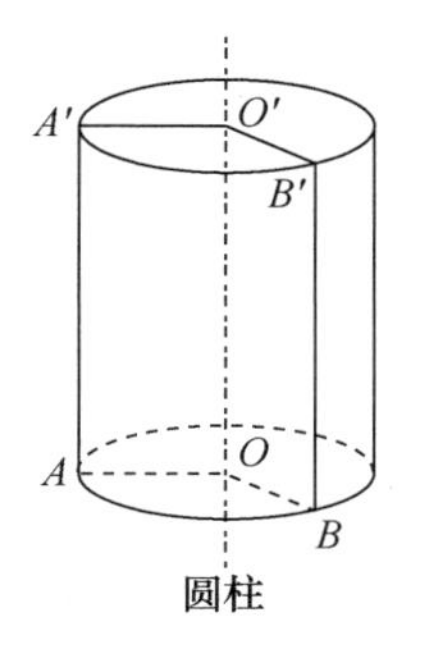

圆柱

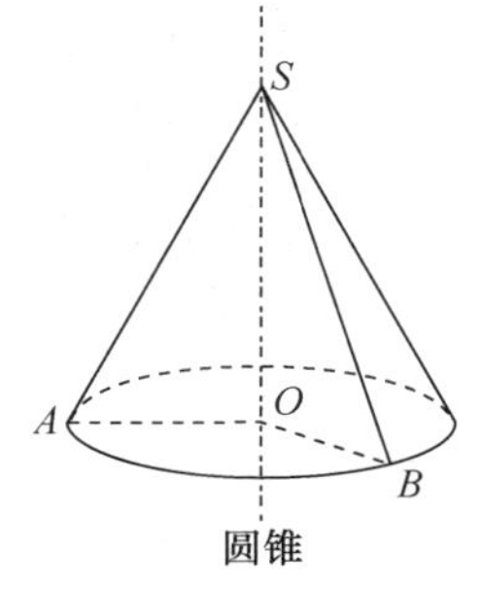

圆锥

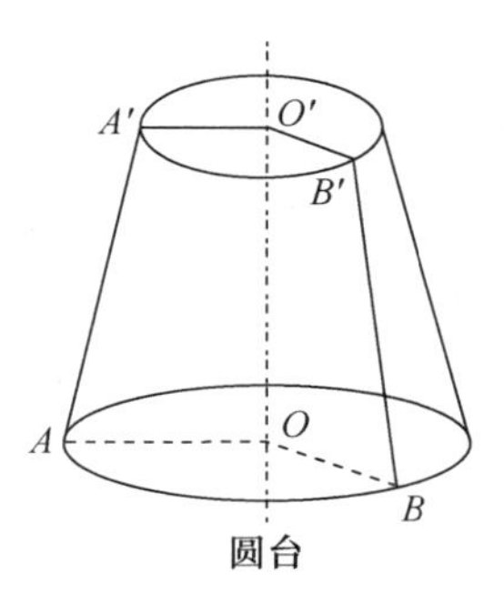

圆台

图 1-73

(2) 圆柱、圆锥、圆台的性质

① 垂直于圆柱、圆锥、圆台的轴的截面都是圆面，且与底面平行.

② 过圆柱、圆锥、圆台的轴的截面，分别是矩形、等腰三角形、等腰梯形.

例 5 圆锥的母线与底面所成的角为 30°，它的高为 4，求圆锥的母线的长度和底面积.

解 如图 1-74 所示，设母线长为 l，底半径为 r，高为 h，$\angle OAP=30°$.

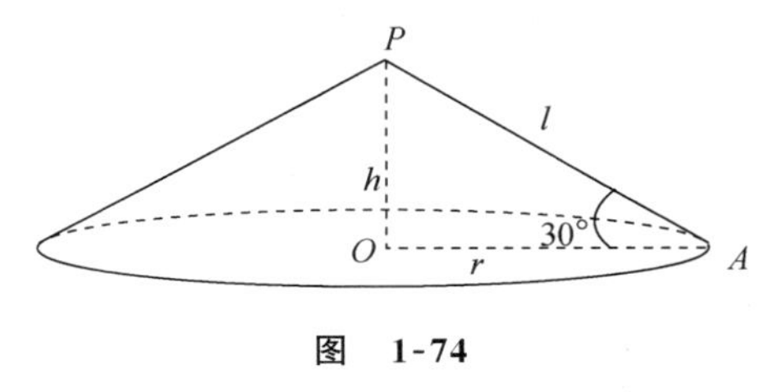

图 1-74

在直角$\triangle POA$ 中，由 $PO=h=4$，$\angle OAP=30°$，得圆锥的母线的长度

$$l=\frac{h}{\sin 30°}=\frac{4}{\frac{1}{2}}=8.$$

所以

$$r=h\cot 30°=4\sqrt{3},$$

因此所求圆锥的底面积为

$$S=\pi r^2=\pi(4\sqrt{3})^2=48\pi.$$

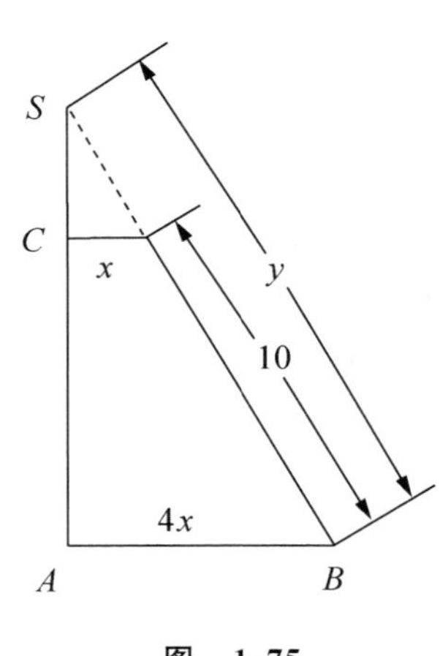

图 1-75

例 6 把一个圆锥截成圆台. 已知圆台的上、下底面半径之比是 1 : 4，母线长是 10 cm，求圆锥母线长.

解 设圆锥的母线长为 y，所截得的圆台上、下底的半径分别是 x、$4x$(图 1-75 是其轴截面图)，由相似三角形的比例关系，得

$$(y-10):y=x:4x,$$

也就是

$$4(y-10)=y,$$

解之，得

$$y=\frac{40}{3}(\text{cm}).$$

故圆锥的母线长为$\frac{40}{3}$cm.

例 7 有一圆柱形木材，长为 2 m，底面半径为 12 cm，从离轴 6 cm 处平行于轴锯开，求锯面的面积.

解 如图 1-76 所示，锯面 $ABB'A'$ 是矩形，作 $O'D\perp A'B'$ 交 $A'B'$ 于 D，则 D 点平分 $A'B'$，因为 $O'D=6$ cm. 所以

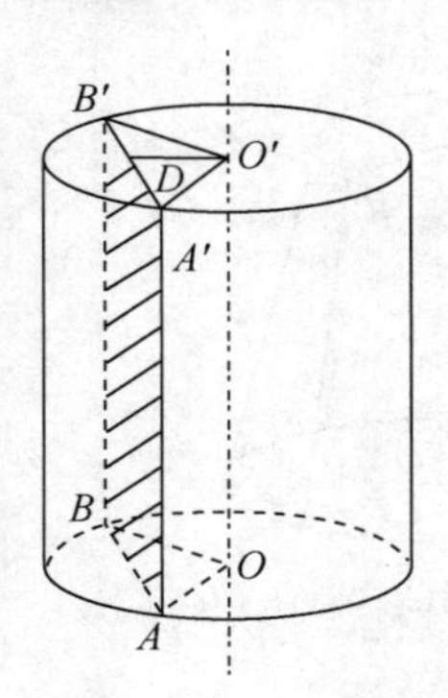

图 1-76

$$DA'=\sqrt{O'A'^2-O'D^2}=\sqrt{12^2-6^2}\approx 10.39,$$
$$A'B'=2DA'\approx 20.78,$$

所以

$$S_{ABB'A'}\approx 200\times 20.78=4\,156(\text{cm}^2).$$

故锯面面积为 4 156 cm^2.

2. 球

一个半圆面绕着它的直径旋转一周所形成的几何体叫作**球**. 一个半圆周绕着它的直径旋转一周所得的面叫作**球面**. 半圆面的圆心叫作**球心**. 连接球心和球面上的任意一点的线段叫作**球的半径**. 连接球面上任意两点的线段叫作**球的弦**. 过球心的弦叫作**球的直径**.

如图 1-77 所示的球中，点 O 是球心，线段 OA、OB、OC、OD 等都是球的半径，线段 AB 是球的直径，线段 AD 是球的弦.

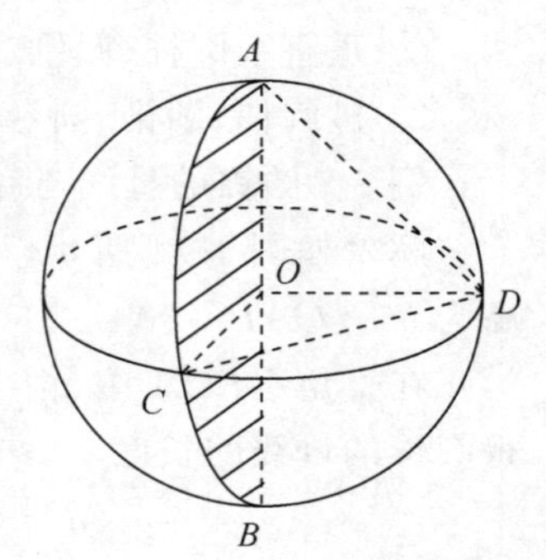

图 1-77

球被任意平面所截得的截面是一个圆. 这个截面叫作**球截面**（如图 1-78(1)(2)阴影部分所示）.

球心和截面圆心的连线垂直于截面（图 1-78(1)所示）.

设球心到截面的距离为 d，球的半径为 R，截面半径为 r，显然有下面的关系：

$$r=\sqrt{R^2-d^2}$$

说明：

(1) 当 $d=0$ 时，$r=R$. 这时截面过球心，球被截面截得的圆最大，叫作**球的大圆**，如图 1-78(2)，不过球心的截面所截得的圆，叫作**球的小圆**.

(2) 当 $d=R$ 时，$r=0$，这时截面 α 与球心的距离等于球的半径，α 和球只有一个公共点，和球只有一个公共点的平面叫作**球的切面**（图 1-78(3)）.

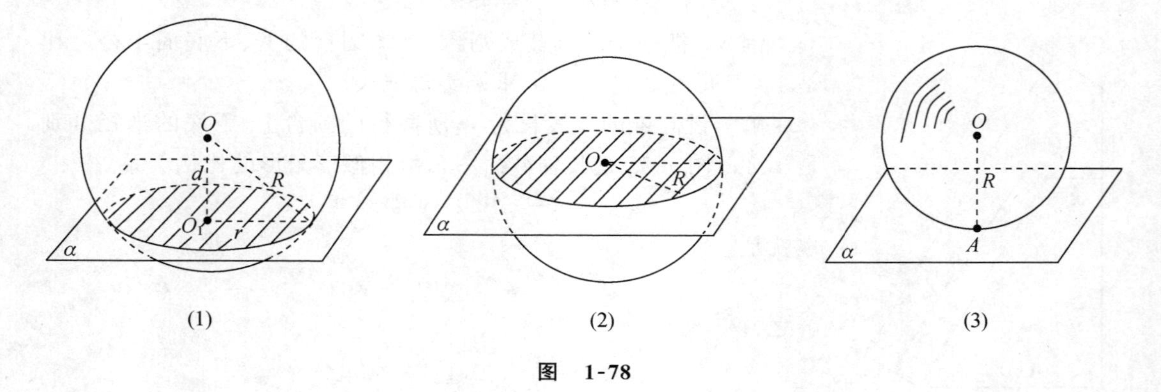

图 1-78

当我们把地球看作一个球时，经线就是球面上从南极到北极的半个大圆. 赤道是一个大圆. 其余的纬线都是小圆（如图 1-79 所示）.

例 8 我国首都北京靠近北纬 40°，求北纬 40°纬线的长度约为多少 km（地球半径约 6 370 km）.

解 如图 1-80 所示，设 A 是北纬 40°圈上的一点，AK 是它的半径，O 为地球中心，c 为北纬 40°纬线长，显然

$$OK \perp AK,$$

因为$\angle AOB=\angle OAK=40°$，所以所求经纬线长度为

$$c=2\pi \cdot AK=2\pi \cdot OA \cdot \cos\angle OAK=2\pi\times 6\,370\times\cos 40°$$

$$\approx 2\times 3.142\times 6\,370\times 0.766\,0\approx 3.066\times 10^4(\text{km}).$$

故北纬40°纬线的长度为3.066×10^4 km.

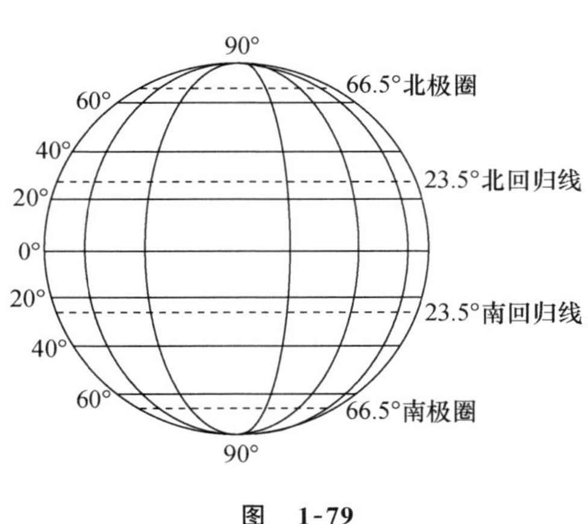

图　1-79

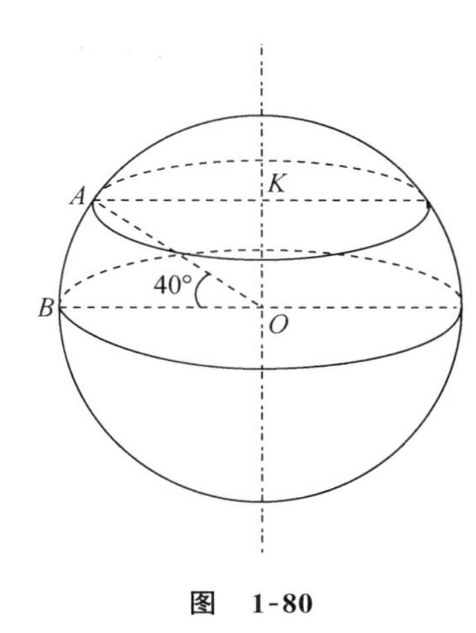

图　1-80

三、有关多面体和旋转体的计算公式

多面体和旋转体的侧面积、体积计算公式如下表：

名　称	侧面积公式	体积公式	备　注
直棱柱	$S_m=ch$	$V=Sh$	c：底周长，h：高，S：底面积
正棱锥	$S_m=\frac{1}{2}cl$	$V=\frac{1}{3}Sh$	c：底周长，l：斜高，S：底面积，h：高
正棱台	$S_m=\frac{1}{2}(c+c')l$	$V=\frac{1}{3}h(S+\sqrt{SS'}+S')$	c、c'：上下底周长，l：斜高，h：高，S、S'：上下底面积
圆　柱	$S_m=2\pi rh$	$V=\pi r^2 h$	r：底半径，h：高
圆　锥	$S_m=\pi rl$	$V=\frac{1}{3}\pi r^2 h$	r：底半径，l：母线，h：高
圆　台	$S_m=\pi(r+R)l$	$V=\frac{1}{3}\pi h(r^2+rR+R^2)$	r、R：上下底半径，l：母线，h：高
球	$S_m=4\pi R^2$	$V=\frac{4}{3}\pi R^3$	R：球半径

例 9　如图1-81所示，一个储存粮食的谷仓下部为圆柱体，半径$OB=2$ m，高$OO'=4$ m. 粮仓的上半部为与圆柱相接的一个圆锥体，圆锥的高$SO'=3$ m. 求该谷仓的容积(精确到个位数).

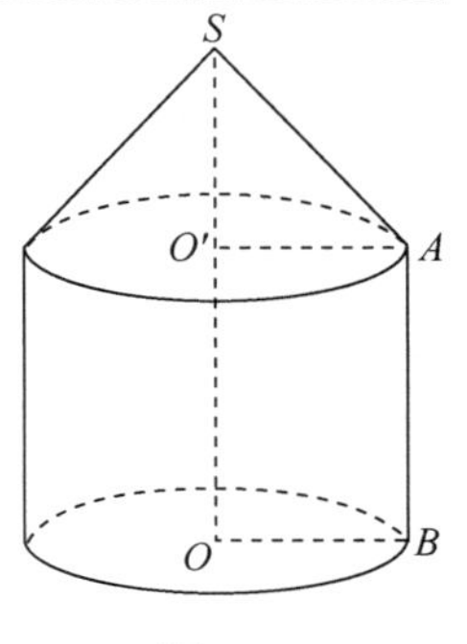

图 1-81

解　谷仓的容积

$$V=V_{圆柱}+V_{圆锥}$$

$$=\pi\times OB^2\times OO'+\frac{1}{3}\pi\times O'A^2\times SO'$$

$$=\pi\times 2^2\times 4+\frac{1}{3}\pi\times 2^2\times 3=20\pi\approx 63(\text{m}^3).$$

例 10 如图 1-82(1)所示，一块正方形薄铁板的边长是 36 cm，图中虚线将其等分为三部分，然后沿虚线将其折叠，围成一个正三棱柱的侧面，再用铁皮将三棱柱下底密封．求它的容积．

解 因为正方形薄铁板的边长是 36 cm，则它所围成的正三棱柱的高为 36 cm，底面等边三角形的边长为 12 cm，如图 1-82(2)所示，三棱柱底面积为

$$S=\frac{\sqrt{3}}{4}\times 12^2=36\sqrt{3}(\text{cm}^2),$$

于是该三棱柱的体积为

$$V=36\sqrt{3}\times 36\approx 2\,245(\text{cm}^3).$$

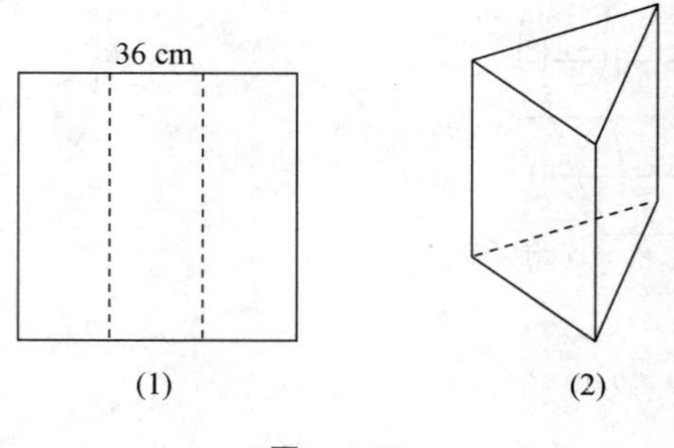

图 1-82

习 题 1-5

1. 判断题：

(1) 直棱柱的直截面必定平行于直棱柱的底面． ( )

(2) 过棱锥顶点向底面做垂线，垂足必定是底面中心． ( )

(3) 只要上、下底面平行，其余面为梯形的多面体必定是棱台． ( )

(4) 平行六面体长对角线的平方，必为它的长，宽，高三度的平方和． ( )

(5) 正棱锥的平行截面垂直于棱锥的高． ( )

(6) 圆柱的高和母线相等． ( )

(7) 圆柱的轴截面和圆柱的两底面垂直． ( )

(8) 球截面就是大圆． ( )

(9) 圆锥的平行截面不一定是圆． ( )

2. 填空题：

(1) 四棱锥是________面组成的多面体，故又称为________面体，多面体最少要有________个面．

(2) 棱柱的两个底面是________的多边形．

(3) 棱台体积计算公式 $V_{\text{棱台体积}}=$________．

(4) 正方体的棱长为 a，则正方体的对角线长为________．

3. 长方体底面两条相邻边的长分别是 12 cm 和 16 cm，高是 40 cm，求对角截面的面积．

4. 三棱柱每两个侧棱棱间的距离分别是 2 cm、3 cm、4 cm，侧面积是 45 cm²，求它侧棱的长．

5. 如图所示，直四棱柱的底面是菱形，已知它的两个对角面的面积分别为 30 cm² 和 40 cm²，试求其侧面积．

6. 如图所示，已知三棱柱的高是 5 dm，它的底面是直角三角形，并知其斜边长为 10 dm，一条直角边长为 8 dm，求这个棱柱的体积．

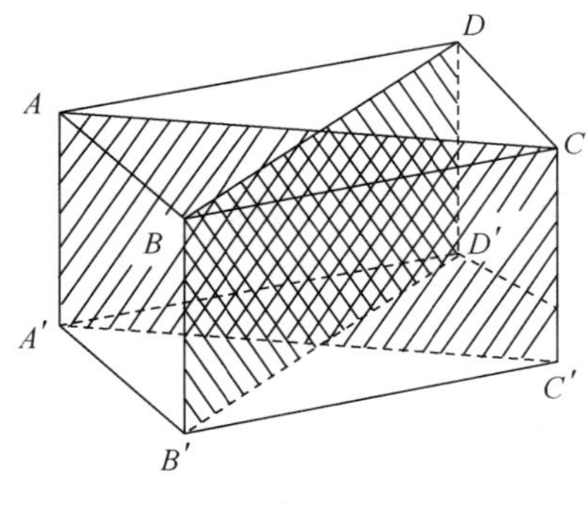

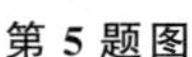
第 5 题图

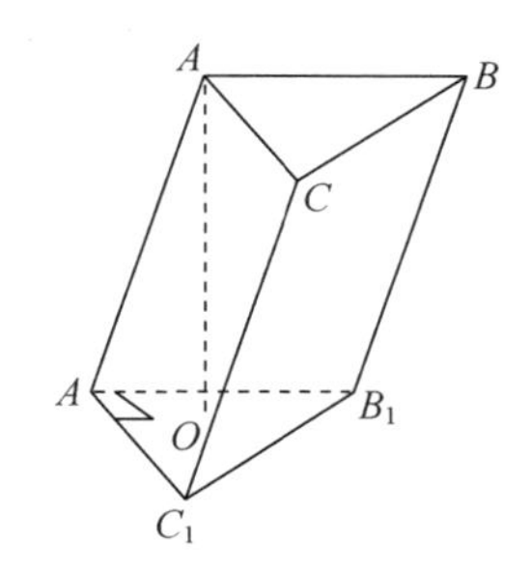

第 6 题图

7. 已知底面每边长为 a，高是 H，求下列正棱锥的侧棱和斜高：

(1) 正三棱锥；　　(2) 正四棱锥；　　(3) 正六棱锥.

8. 已知正六棱锥的底面每边长为 a，侧棱长为 $2a$，求这棱锥的高和斜高，并求它的侧面和底面所成的二面角.

9. 棱锥的高是 16 cm，底面积是 512 cm^2，平行截面的面积是 50 cm^2，求顶点到平行截面的距离.

10. 正三棱锥，底面的边长为 6 cm，侧棱长为 5 cm，试求其全面积和体积(精确到 0.1).

11. 正六棱锥的高为 20 cm，斜高和高所成的角是 $30°$，求其体积.

12. 一个正三棱台，它的侧棱长 10 cm，两底面的边长分别是6 cm和 18 cm，求它的侧面积.

13. 圆锥的高是 10 cm，母线和底面成 $60°$角，求母线的长和底面半径.

14. 圆锥的底面的直径等于 12 cm，母线长等于 40 cm，求这个圆锥轴截面的面积.

15. 圆锥底面半径为 R，轴截面是直角三角形，求轴截面面积.

16. 已知圆台上、下底面的直径分别为 3 cm、9 cm，母线长为 5 cm，求它的轴截面的面积.

17. 设地球半径为 R，在北纬 $30°$圈上有甲、乙两地，它们的经度相差 $90°$，求这两地的纬线长.

复 习 题 一

1. 判断题：

(1) 两个平面只要有三点重合，那么这两个平面一定重合.　(　)

(2) 一条直线和两条平行线都相交，那么这三条线在一个平面内.　(　)

(3) 在空间分别位于两个不同平面的两条直线为异面直线.　(　)

(4) 在空间两组对边相等的四边形是平行四边形.　(　)

(5) 空间两条直线没有公共点，它们一定平行.　(　)

(6) 已知直线 $a /\!/$ 平面 α，且直线 $b /\!/$ 平面 α，则 $a /\!/ b$.　(　)

(7) 已知两条异面直线 a、b，对于不在 a、b 上的任一点都可以作一个平面与 a、b 都平行.　(　)

(8) 如果一条直线垂直于一平面内的两条直线，则这条直线与这个平面垂直.　(　)

(9) 过已知平面的一条斜线的平面，一定不会与已知平面垂直.　(　)

(10) 长方体的对角线相等.　(　)

(11) 侧棱都相等的棱锥是正棱锥.　(　)

(12) 有 2 个侧面是矩形的棱柱是直棱柱.　(　)

(13) 有 2 个相邻的侧面是矩形的棱柱是直棱柱.　(　)

(14) 长方体是四直棱柱.　(　)

(15) 正四棱柱是正方体. ( )

(16) 底面是正多边形的棱锥是正棱锥. ( )

2. 填空题：

(1) 已知正方体 $ABCD\text{-}A'B'C'D'$，直线 AC' 与直线 BC 的夹角等于________；

(2) 已知正方形 $ABCD$ 的边长为 a，$PA\perp$ 平面 AC，且 $PA=b$，则 $PC=$________；

(3) 已知球的大圆周长为 l，则这个球的表面积是________；

(4) 棱长为 a 的正四面体的体积等于________；

(5) 圆台的母线与轴的夹角为 $30°$，则母线和底面成的角是________，若母线长为 $2a$，一个底面半径是另一个底面半径的 2 倍，则底面半径分别是________和________.

3. 由距离平面 α 为 4 cm 的一点 P 向平面引斜线 PA，使斜线与平面成 $30°$的角，求斜线 PA 在平面 α 内的射影.

4. 将一边长为 a 的正方形纸片卷成圆柱，求圆柱的体积.

5. 已知圆台的上、下底面半径是 r'、r，它的侧面积等于两底面面积的和，求圆台的母线长.

6. 正三棱锥的底面边长为 a，高是 $2a$，求它的体积.

7. 海平面上，地球球心角 $1'$ 所对的大圆弧长约为 1 海里，那么 1 海里是多少 km？（地球半径约为 6 370 km.）

第二章　直　　线

在初中代数里我们已经学习过，在平面直角坐标系内，可以用一对有序实数来表示平面上一点的位置，反之，对于任何一个有序实数对，在平面内都可以确定一个点. 这里我们将进一步讨论用代数的方法来研究平面内的直线及直线的性质. 本章先介绍两个重要公式，然后学习直线方程的概念及直线的有关性质.

第一节　一次函数与直线

一、两个重要公式

1. 两点间的距离公式

A、B 两点间的距离记为 $|AB|$，表示线段 AB 的长度. 利用两点的坐标，就可将平面内两点间的距离求出.

在平面内，当 A、B 两点在数轴上时，如果它们的坐标分别是 x_1 和 x_2，那么不论这两点的相对位置如何，都有

$$|AB|=|x_2-x_1|,$$

如图 2-1 所示，点 A 的坐标为 -2，点 B 的坐标为 3，则 $|AB|=|3-(-2)|=5$，即 A、B 两点间的距离为 5.

A　B
-2　0　3　x

图　2-1

设 $P_1(x_1,y_1)$、$P_2(x_2,y_2)$ 是平面内任意两点（如图 2-2 所示），从 P_1、P_2 分别向 x 轴和 y 轴作垂线 P_1M_1、P_1N_1 和 P_2M_2、P_2N_2，垂足分别是 $M_1(x_1,0)$、$N_1(0,y_1)$、$M_2(x_2,0)$、$N_2(0,y_2)$，并设直线 P_1N_1 和 P_2M_2 交于点 Q. 则在直角三角形 P_1QP_2 中，

$$|P_1P_2|^2=|P_1Q|^2+|QP_2|^2,$$

因为

$$|P_1Q|=|M_1M_2|=|x_2-x_1|,$$
$$|QP_2|=|N_1N_2|=|y_2-y_1|,$$

所以

$$|P_1P_2|^2=|x_2-x_1|^2+|y_2-y_1|^2.$$

由此得到**两点 $P_1(x_1,y_1)$、$P_2(x_2,y_2)$ 间的距离公式为**

$$|P_1P_2|=\sqrt{(x_2-x_1)^2+(y_2-y_1)^2}. \qquad (2\text{-}1)$$

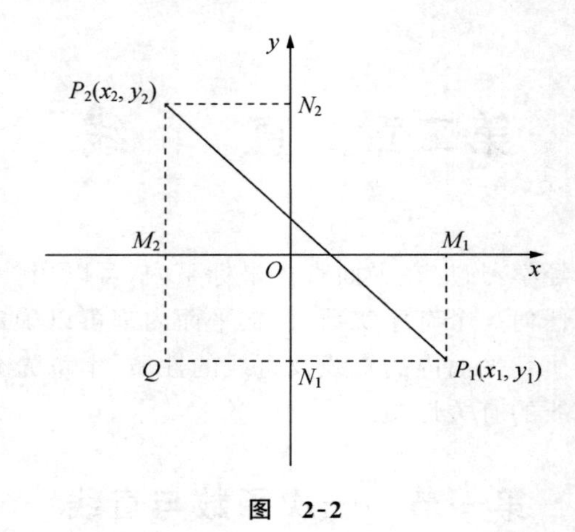

图 2-2

例 1 已知点 A 的坐标为(1,1)，点 B 的坐标为(−1,2).求点 A 与点 B 间的距离.

解 根据两点间的距离公式，得点 A 与点 B 间的距离为

$$|AB|=\sqrt{(x_2-x_1)^2+(y_2-y_1)^2}$$
$$=\sqrt{(-1-1)^2+(2-1)^2}=\sqrt{5}.$$

例 2 已知点 $A(-1,2)$，$B(2,5)$，在 x 轴上求一点 P，使得 $|PA|=|PB|$，并求 $|PA|$ 的值.

解 设所求点 P 的坐标为$(x,0)$，于是有

$$|PA|=\sqrt{(x+1)^2+(0-2)^2}=\sqrt{x^2+2x+5},$$
$$|PB|=\sqrt{(x-2)^2+(0-5)^2}=\sqrt{x^2-4x+29},$$

由 $|PA|=|PB|$，得

$$\sqrt{x^2+2x+5}=\sqrt{x^2-4x+29},$$

即

$$x^2+2x+5=x^2-4x+29,$$

解，得

$$x=4,$$

于是

$$|PA|=\sqrt{x^2+2x+5}=\sqrt{29},$$

因此所求点 P 的坐标为(4,0)，$|PA|$ 的值为 $\sqrt{29}$(如图 2-3 所示).

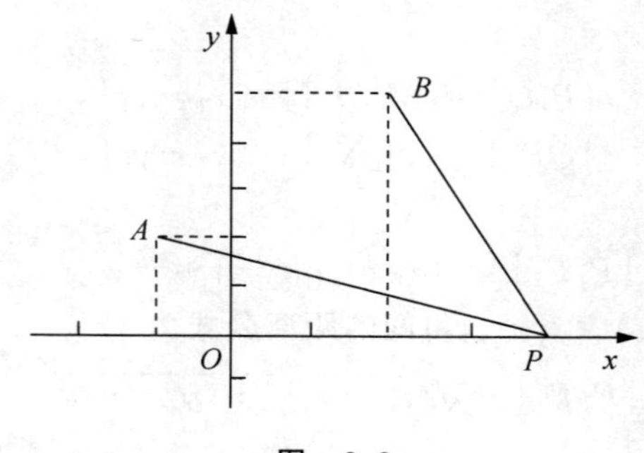

图 2-3

2. 线段的中点坐标公式

如图 2-4 所示，设线段 P_1P_2 的两个端点坐标分别是 $P_1(x_1,y_1)$、$P_2(x_2,y_2)$，点 $P(x,y)$ 为线段 P_1P_2 的中点，从点 P_1、P 和 P_2 分别作 x 轴的垂线，分别交 x 轴于点 M_1、M 和 M_2. 由平面图形的性质，得

$$|M_1M|=|MM_2|,$$

即

$$|x-x_1|=|x_2-x|,$$

由图 2-4 可以知道

$$x-x_1>0, x_2-x>0,$$

所以

$$x-x_1=x_2-x,$$

从而

$$x=\frac{x_1+x_2}{2}.$$

同样，若从 P_1、P 和 P_2 分别作 y 轴的垂线，则

$$y=\frac{y_1+y_2}{2}.$$

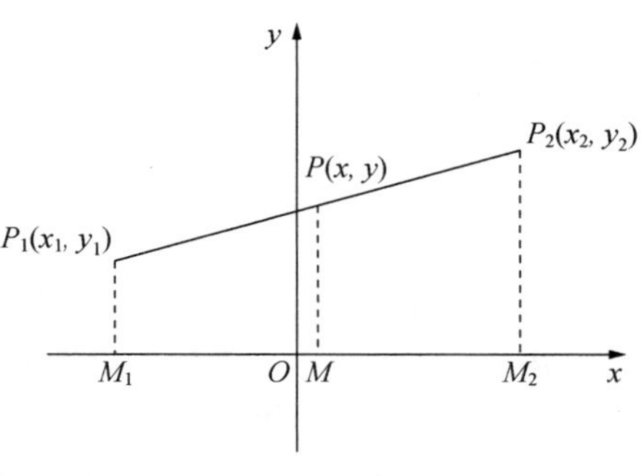

图 2-4

由此得到平面内两点 $P_1(x_1,y_1)$ 和 $P_2(x_2,y_2)$ 之间所连线段的中点 P 的坐标为

$$x=\frac{x_1+x_2}{2},\ y=\frac{y_1+y_2}{2}. \tag{2-2}$$

上式称为线段 P_1P_2 的**中点坐标公式**.

例 3 已知线段 AB 端点 A 的坐标是$(-1,2)$，端点 B 的坐标是$(1,4)$，求线段 AB 的中点坐标.

解 设线段 AB 的中点坐标为 $P(x,y)$，由中点坐标公式，得

$$x=\frac{-1+1}{2}=0,\quad y=\frac{2+4}{2}=3,$$

所以线段 AB 的中点坐标为$(0,3)$.

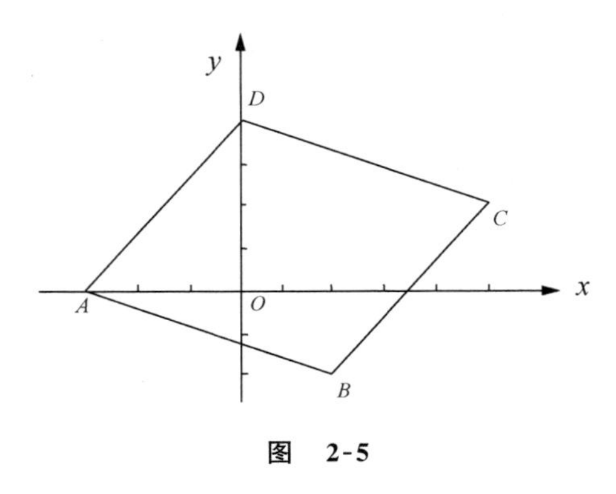

图 2-5

例 4 已知平行四边形 $ABCD$ 的三个顶点坐标分别是 $A(-3,0)$、$B(2,-2)$、$C(5,2)$，求顶点 D 的坐标（如图 2-5 所示）.

解 因为平行四边形的两条对角线的中点相同，所以它们的坐标也相同. 设 D 的坐标为(x,y)，则

$$\begin{cases}\dfrac{x+2}{2}=\dfrac{-3+5}{2}=1\\[2mm]\dfrac{y-2}{2}=\dfrac{0+2}{2}=1\end{cases},$$

解之得

$$\begin{cases}x=0\\y=4\end{cases},$$

所以所求顶点 D 的坐标为$(0,4)$.

二、直线的方程

我们知道，在平面直角坐标系中，一次函数 $y=kx+b$ 的图像是一条直线，这条直线是以满足 $y=kx+b$ 的每一组 x、y 的值为坐标的点构成的.

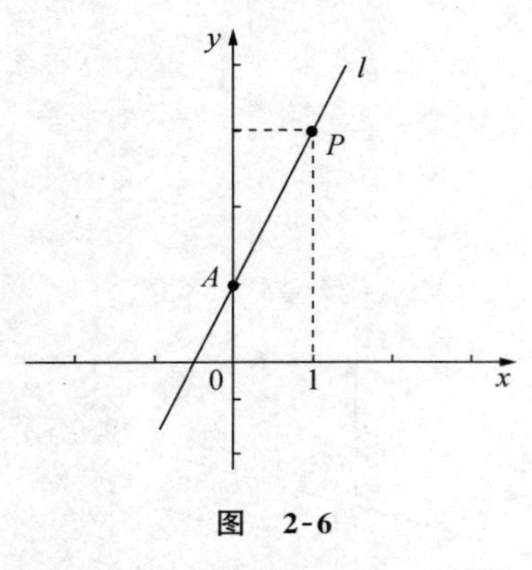

图 2-6

例如，函数 $y=2x+1$ 的图像是直线 l（如图 2-6 所示）. 这时，以满足函数式 $y=2x+1$ 的每一对 x、y 的值为坐标的点 (x,y) 都在直线 l 上；反过来，直线 l 上每一点 (x,y) 的坐标 x、y 都满足函数式 $y=2x+1$.

如数对 $(0,1)$ 满足函数式 $y=2x+1$，在直线 l 上就有一点 A，它的坐标是 $(0,1)$；直线 l 上点 P 的坐标是 $(1,3)$，数对 $(1,3)$ 就满足函数式 $y=2x+1$.

一般地，一次函数 $y=kx+b$ 的图像是一条直线 l，这个函数和直线 l 之间具有关系：以满足函数 $y=kx+b$ 的每一组 x、y 的值为坐标的点 (x,y) 都在直线 l 上；直线 l 上的任何点 (x,y)，它的坐标 x、y 都满足函数关系式 $y=kx+b$.

由于函数 $y=kx+b$ 也可以看成是一个关于 x、y 的二元一次方程，即 $kx-y+b=0$，因此这个方程和直线 l 也具有下列关系：

(1) 以方程 $kx-y+b=0$ 的每一组解 x、y 为坐标的点 (x,y) 都在直线 l 上；

(2) 直线 l 上的任何点 (x,y) 的坐标 x、y 都是方程 $kx-y+b=0$ 的解.

我们把满足上述条件的二元一次方程称为**直线 l 的方程**，直线 l 称为这个**方程的直线**.

利用直线与方程的这种关系，若已知直线的方程及某点的一个坐标，则可以求出直线上该点的另一个坐标，也可以验证某一点是否在直线上.

例 5 已知直线 l 的方程为 $x+2y-3=0$.

(1) 判断点 $P_1(1,1)$ 和 $P_2(2,-1)$ 是否在直线 l 上？

(2) 求直线 l 与 y 轴交点的坐标；

(3) 若点 $A(-3,m)$ 在直线 l 上，求 m 的值.

解 (1) 把点 $P_1(1,1)$ 的坐标代入方程 $x+2y-3=0$，得

$$\text{左边}=1\times1+2\times1-3=0=\text{右边},$$

所以点 $P_1(1,1)$ 在直线 l 上.

把点 $P_2(2,-1)$ 的坐标代入方程 $x+2y-3=0$，得

$$\text{左边}=2+2\times(-1)-3=-3\neq\text{右边}=0,$$

即方程两边不相等，所以点 $P_2(2,-1)$ 不在直线 l 上.

(2) 把直线与 y 轴交点的横坐标 $x=0$ 代入方程 $x+2y-3=0$，得

$$2y-3=0,$$

所以

$$y=\frac{3}{2},$$

即直线与 y 轴的交点坐标为 $\left(0,\frac{3}{2}\right)$.

(3) 把点 $A(-3,m)$ 代入方程 $x+2y-3=0$，得

$$-3+2\times m-3=0,$$

所以

$$m=3.$$

三、直线的倾斜角、斜率和截距

1. 直线的倾斜角

直线 l 向上的方向与 x 轴正方向所成的最小正角称为**直线 l 的倾斜角**. 如图 2-7 中的角 α_1 是直线 l_1 的倾斜角，角 α_2 是直线 l_2 的倾斜角.

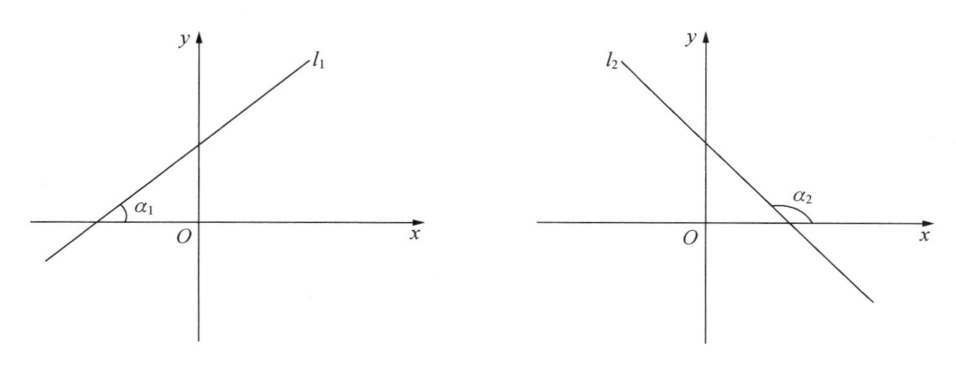

图　2-7

当直线与 x 轴平行或重合时，我们规定它的倾斜角为 $0°$，当直线与 x 轴垂直时，它的倾斜角为 $90°$. 因此平面内任意一条直线都能确定唯一的倾斜角 α，α 的取值范围是 $0°\leqslant\alpha<180°$（或 $0\leqslant\alpha<\pi$）.

2. 直线的斜率

倾斜角不是 $90°$ 的直线，它的倾斜角的正切叫作这条**直线的斜率**. 直线的斜率常用 k 表示，即

$$k=\tan\alpha. \tag{2-3}$$

根据直线倾斜角的取值范围，直线的斜率有下面四种情形：

(1) 当 $\alpha=0°$ 时（直线平行或重合于 x 轴），$k=\tan\alpha=0$；

(2) 当 α 为锐角时，$k=\tan\alpha>0$；

(3) 当 α 为钝角时，$k=\tan\alpha<0$；

(4) 当 $\alpha=90°$ 时（直线垂直于 x 轴），因为 $\tan 90°$ 不存在，所以斜率 k 不存在.

想一想：是不是所有的直线都有倾斜角？是不是所有的直线都有斜率？

例 6　如图 2-8 所示，求直线 l 的倾斜角和斜率.

解　根据直线的倾斜角的概念，可得直线 l 的倾斜角为

$$\alpha=180°-45°=135°,$$

直线 l 的斜率为

$$k=\tan 135°=-1.$$

倾斜角不同的直线，其斜率也不同，我们常用斜率来表示倾斜角不等于 $90°$ 的直线对于 x 轴的倾斜程度.

我们知道，两点确定一条直线，如果知道了直线上两点的坐标，那么，这条直线的斜率(只要它存在)就可以计算出来.

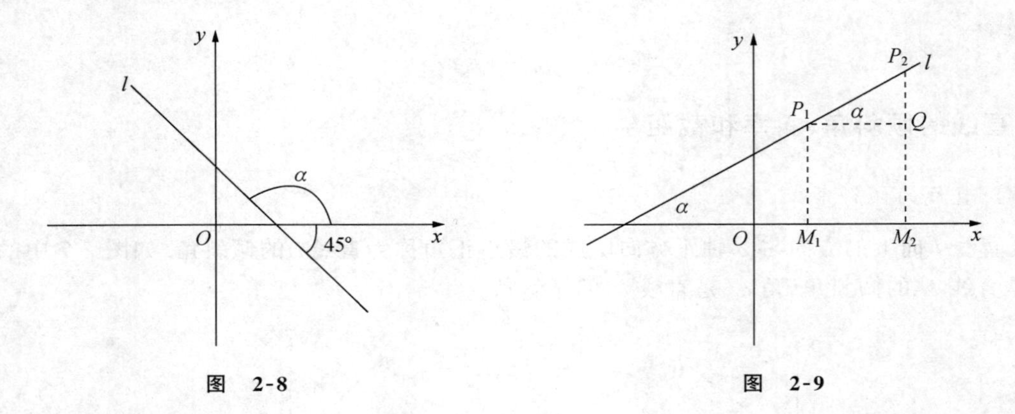

图 2-8　　　　图 2-9

如图 2-9 所示，设直线 l 上两点 P_1、P_2 的坐标分别是 (x_1,y_1)、(x_2,y_2)，直线的倾斜角 $\alpha\neq 90°$(即 $x_1\neq x_2$)，从 P_1、P_2 两点分别作 x 轴的垂线 P_1M_1、P_2M_2，其中 M_1、M_2 是垂足，再作 $P_1Q\perp P_2M_2$ 交 P_2M_2 于点 Q.

当直线 P_1P_2 的倾斜角 α 为锐角时，有

$$k=\tan\alpha=\tan\angle P_2P_1Q=\frac{|QP_2|}{|P_1Q|}=\frac{y_2-y_1}{x_2-x_1},$$

可以证明，当 α 为钝角时，以上结论也成立.

因此可知，经过 $P_1(x_1,y_1)$、$P_2(x_2,y_2)$ 两点的直线的斜率公式为

$$k=\frac{y_2-y_1}{x_2-x_1}\ (x_1\neq x_2). \tag{2-4}$$

当 $x_1=x_2$ 时，直线垂直于 x 轴，这时斜率不存在.

斜率 k 求得后，即可根据 $0°\leqslant\alpha<180°$ 求出直线的倾斜角.

例 7　求经过 $A(-3,5)$、$B(4,-2)$ 两点的直线的斜率和倾斜角.

解　由公式 2-4 可得

$$k=\frac{-2-5}{4-(-3)}=-1,$$

即

$$\tan\alpha=-1,$$

因为

$$0°\leqslant\alpha<180°,$$

所以

$$\alpha=135°.$$

因此，这条直线的斜率是 -1，倾斜角是 $135°$.

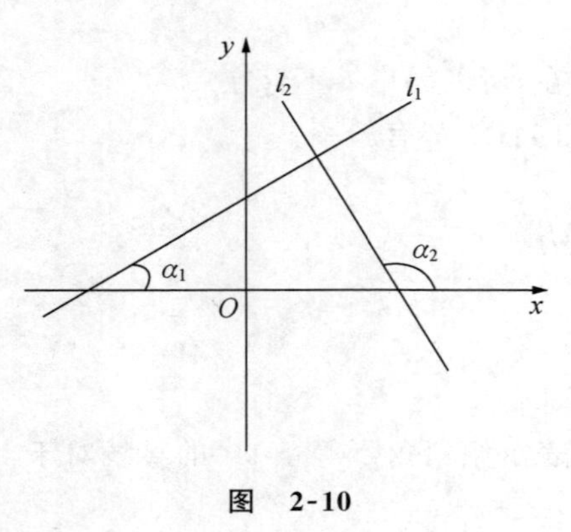

图 2-10

例 8　如图 2-10 所示，直线 l_1 的倾斜角 $\alpha_1=30°$，直线 $l_2\perp l_1$，求 l_1，l_2 的斜率.

解　l_1 的斜率

$$k_1=\tan 30°=\frac{\sqrt{3}}{3},$$

因为 l_2 的倾斜角

$$\alpha_2=\alpha_1+90^\circ=30^\circ+90^\circ=120^\circ,$$

所以 l_2 的斜率

$$k_2=\tan120^\circ=-\sqrt{3}.$$

例 9　求证:三点 $A(-1,-1)$,$B(1,3)$,$C(2,5)$在同一条直线上.

证明　设线段 AB、AC 所在直线的斜率分别是 k_{AB}、k_{AC},倾斜角分别是 α_1、α_2,则由已知条件可得

$$k_{AB}=\frac{3-(-1)}{1-(-1)}=2,$$

$$k_{AC}=\frac{5-(-1)}{2-(-1)}=2,$$

所以

$$k_{AB}=k_{AC},$$

因此

$$\tan\alpha_1=\tan\alpha_2,$$

而 $0^\circ\leqslant\alpha_1<180^\circ$,$0^\circ\leqslant\alpha_2<180^\circ$,所以

$$\alpha_1=\alpha_2.$$

又因为它们经过同一点 A,所以这两条直线重合,也就是说 A、B、C 三点在同一条直线上.

3. 直线的截距

如果直线 l 与 x 轴交于点$(a,0)$,与 y 轴交于点$(0,b)$(如图 2-11 所示).那么数 a 叫作直线 l 的**横截距**(或叫作直线 l 在 x 轴上的截距),数 b 叫作直线 l 的**纵截距**(或叫作直线 l 在 y 轴上的截距).

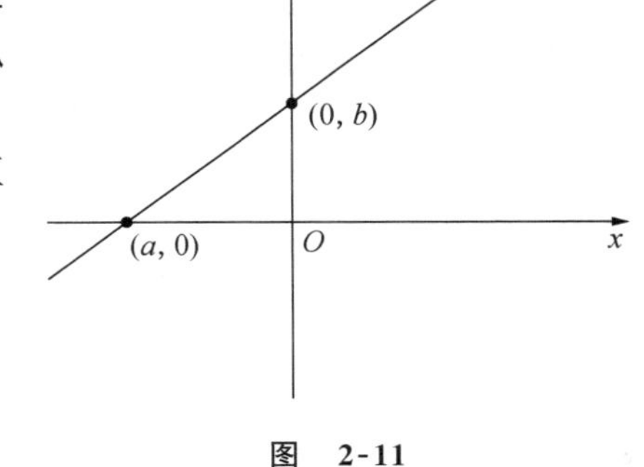

图　2-11

应当注意:"截距"不是距离,也不是长度,它是可正可负,也可为零的任意实数.

如在直线 $3x-y+2=0$ 中,令 $x=0$,得

$$y=2,$$

令 $y=0$,得

$$x=-\frac{2}{3},$$

所以直线 $3x-y+2=0$ 的纵截距 $b=2$,横截距 $a=-\frac{2}{3}$.

平行于 x 轴的直线没有横截距,平行于 y 轴的直线没有纵截距,过原点的直线的横截距和纵截距均为零.

习 题 2-1

1. 求下列两点间的距离.

(1) $\left(-\frac{1}{2},1\right)$,$\left(-8\frac{1}{2},-3\right)$;　　(2) $\left(\frac{\sqrt{3}}{2},-\frac{\sqrt{2}}{2}\right)$,$\left(-\frac{\sqrt{2}}{2},-\frac{\sqrt{3}}{2}\right)$;

(3) $(ab^2,2abc)$,$(ac^2,0)$.

2. (1) 已知点 $A(a,-5)$ 和 $B(0,10)$ 的距离是 17，求 a 的值.

(2) 已知点 P 在 y 轴上，并且与点 $A(4,-6)$ 的距离是 5，求点 P 的坐标.

(3) 求 x 轴上和点 $A(6,4)$、$B(5,-3)$ 距离相等的点的坐标.

3. 求连接下列两点的线段的中点坐标.

(1) $(3,2)$，$(7,4)$； (2) $(-3,1)$，$(2,7)$； (3) $(2,8)$，$(0,-2)$.

4. 连接两点 $P_1(2,y)$ 和 $P_2(x,6)$ 的线段的中点坐标是 $P(3,2)$，求 x、y.

5. 已知三角形 ABC 的顶点为 $A(3,3)$，$B(-1,1)$，$C(0,3)$，求三角形 ABC 三条中线的长度.

6. 已知直线 l 的方程为 $2x+y-3=0$. (1) 判断点 $M_1\left(\frac{1}{2},2\right)$ 和 $M_2(1,2)$ 是否在直线 l 上？(2) 求直线 l 与坐标轴交点的坐标.

7. 根据下列条件，能否判定直线 AB 的斜率的正负.

(1) 点 A 在第一象限，点 B 在第三象限；

(2) 点 A 在第二象限，点 B 在第四象限；

(3) 点 A 在第一象限，点 B 在第二象限.

8. 求经过下列两点的直线的斜率和倾斜角，并画出图形.

(1) $A(4,2)$，$B(10,-4)$； (2) $C(0,0)$，$D(-1,\sqrt{3})$；

(3) $M(-\sqrt{3},\sqrt{2})$，$N(-\sqrt{2},\sqrt{3})$； (4) $C(2,-5)$，$D(2,8)$.

9. (1) 当 m 为何值时，经过两点 $A(-m,6)$、$B(1,3m)$ 的直线的斜率是 12；

(2) 当 m 为何值时，经过两点 $A(m,2)$、$B(-m,2m-1)$ 的直线的倾斜角是 $60°$.

10. 设直线 AB 倾斜角等于由 $C(2,-2)$、$D(4,2)$ 两点所确定直线倾斜角的 2 倍，求直线 AB 的斜率.

11. 判断下列各题中的三点是不是在同一条直线上.

(1) $A(0,-3)$，$B(-4,1)$，$C(1,-1)$；

(2) $A(a-b,c-a)$，$B(0,0)$，$C(b-a,a-c)$.

12. 若三点 $A(-2,3)$，$B(3,-2)$，$C\left(\frac{1}{2},m\right)$ 共线，求 m 的值.

13. 求下列直线的横截距和纵截距.

(1) $2x+y-3=0$； (2) $y+3=0$；

(3) $x-2=0$.

第二节　直线方程的几种形式

在平面内，要确定一条直线，必须具备两个独立的条件，从前面的学习知道，若给定了直线的斜率，就是给定了它的方向，但还不能确定直线的位置，还需再给一个条件. 下面将讨论如何利用斜率和其他条件建立直线的方程.

一、直线的点斜式方程

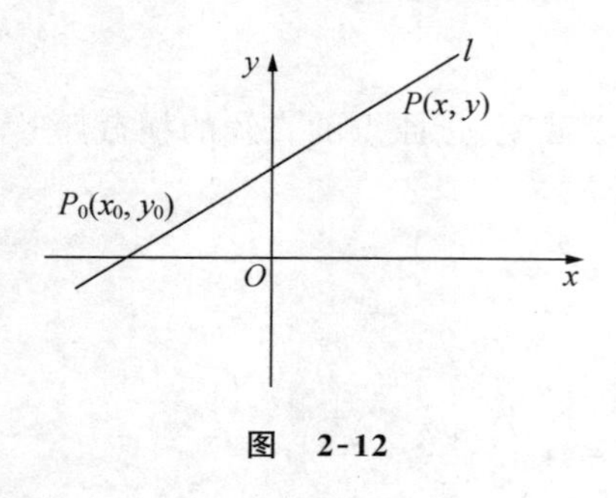

图　2-12

已知直线 l 经过点 $P_0(x_0,y_0)$，斜率为 k，求直线 l 的方程（如图 2-12 所示）.

设点 $P(x,y)$ 是直线 l 上不同于点 $P_0(x_0,y_0)$ 的任意一点，根据直线的斜率公式，得

$$\frac{y-y_0}{x-x_0}=k,$$

即

$$y-y_0=k(x-x_0). \tag{2-5}$$

可以证明，直线 l 上的每个点的坐标都是方程(2-5)的解；反过来以这个方程的解为坐标的点都在直线 l 上，因此，这个方程就是所求的直线方程.

这个方程是由直线上一点和斜率确定的，通常叫作**直线的点斜式方程**.

想一想：能不能说 $\frac{y-y_0}{x-x_0}=k$ 是直线 l 的方程？

例 1　求经过点 $P(2,1)$，倾斜角为 $\frac{3\pi}{4}$ 的直线方程.

解　所求直线的斜率为

$$k=\tan\frac{3\pi}{4}=-1,$$

代入直线的点斜式方程，得

$$y-1=-(x-2),$$

即所求直线的方程为

$$x+y-3=0.$$

下面讨论两种特殊情形的直线方程.

(1) 直线 l 经过点 $P_0(x_0,y_0)$ 且倾斜角为 $0°$，这时，直线 l 与 y 轴平行或重合(如图 2-13 所示).

这时 $k=\tan0°=0$，由直线的点斜式方程，得

$$y-y_0=0(x-x_0),$$

即

$$y=y_0.$$

特别地，x 轴的方程是 $y=0$.

(2)直线 l 经过点 $P_0(x_0,y_0)$ 且倾斜角为 $90°$(如图 2-14 所示). 这时，直线 l 与 y 轴平行或重合，直线的斜率不存在，它的方程不能用点斜式表示，但因为 l 上每一点的横坐标都等于 x_0，所以它的方程是

$$x=x_0.$$

特别地，y 轴的方程是 $x=0$.

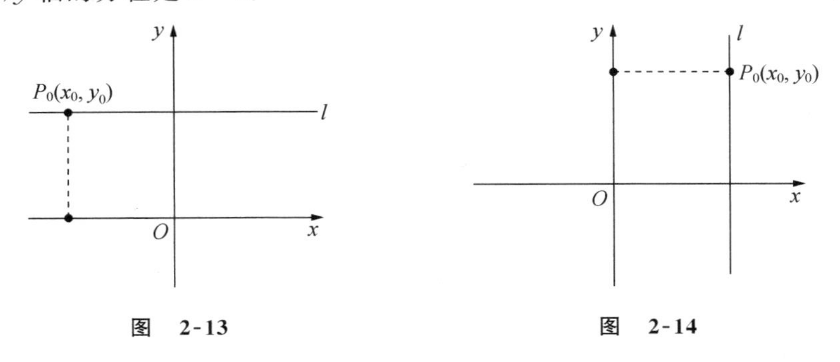

图　2-13　　　　图　2-14

二、直线的斜截式方程

若已知直线 l 的斜率是 k，纵截距是 b，即与 y 轴的交点是 $P(0,b)$(如图 2-15 所示)，代入直线的点斜式方程，得直线 l 的方程为

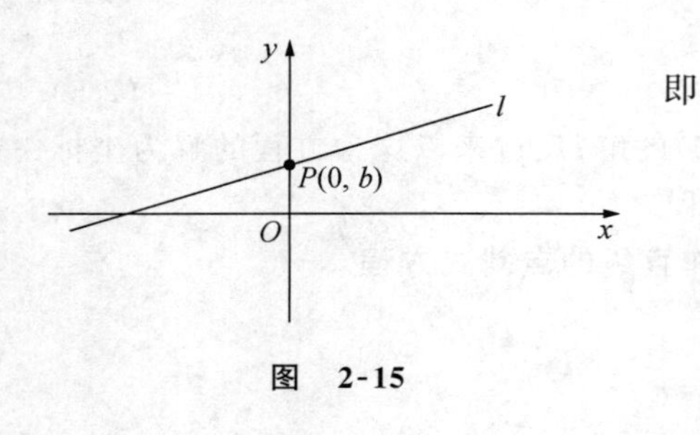

图 2-15

$$y-b=k(x-0),$$

即

$$y=kx+b. \quad (2\text{-}6)$$

我们称这个方程为**直线的斜截式方程**.

例 2 求经过两点 $A(0,-6)$、$B(-3,3)$的直线方程.

解 由斜率公式，得所求直线的斜率为

$$k=\frac{3-(-6)}{-3-0}=-3,$$

因为点 $A(0,-6)$是直线与 y 轴的交点，所以直线的纵截距 $b=-6$，由直线的斜截式方程，得所求的直线方程为

$$y=-3x-6,$$

即

$$3x+y+6=0.$$

例 3 已知直线 l 的横截距为 a，纵截距为 b，求直线 l 的方程.

解 根据题意，显然直线 l 通过点 $A(a,0)$和 $B(0,b)$，则该直线的斜率为 $k=-\frac{b}{a}$，由直线的斜截式方程，得

$$y=-\frac{b}{a}x+b,$$

整理得

$$\frac{x}{a}+\frac{y}{b}=1.$$

我们称方程$\frac{x}{a}+\frac{y}{b}=1$ 为**直线的截距式方程**.

三、直线的一般式方程

通过上面的学习可以看出，无论是由点斜式建立的直线方程还是由斜截式建立的直线方程，通过整理，都可以化为 $Ax+By+C=0$ 的二元一次方程.

可以证明，任何一条直线都可以用关于 x、y 的二元一次方程 $Ax+By+C=0$ 来表示，而每一个二元一次方程 $Ax+By+C=0$ 的图像都表示一条直线. 我们把方程

$$Ax+By+C=0(A\text{、}B\text{ 不同时为零}). \quad (2\text{-}7)$$

叫作**直线的一般式方程**.

为叙述方便，我们把“一条直线，它的方程是 $Ax+By+C=0$”简称为“直线 $Ax+By+C=0$”.

显然，当 $B\neq0$ 时，$Ax+By+C=0$ 表示一条斜率为$-\frac{A}{B}$，纵截距为$-\frac{C}{B}$的直线；当 $B=0$ 时，$Ax+By+C=0$ 表示一条垂直于 x 轴的直线 $x=-\frac{C}{A}$.

例 4 已知直线 l 经过点 $A(6,-4)$，斜率为$-\frac{4}{3}$，求直线 l 的点斜式、截距式和一般式方程.

解 经过点 $A(6,-4)$，并且斜率等于$-\frac{4}{3}$的直线的点斜式方程是

$$y+4=-\frac{4}{3}(x-6),$$

化成截距式为

$$\frac{x}{3}+\frac{y}{4}=1,$$

化成一般式为

$$4x+3y-12=0.$$

例 5 把直线 l 的方程 $x-2y+6=0$ 化为斜截式方程，求出直线 l 的斜率和它在 x 轴与 y 轴上的截距，并画图.

解 将原方程移项，得

$$2y=x+6,$$

两边除以 2，得直线 l 的斜截式方程为

$$y=\frac{1}{2}x+3,$$

因此，直线 l 的斜率 $k=\frac{1}{2}$，它在 y 轴上的截距是 3，在上面方程中令 $y=0$，得

$$x=-6.$$

即直线 l 在 x 轴上的截距是 -6.

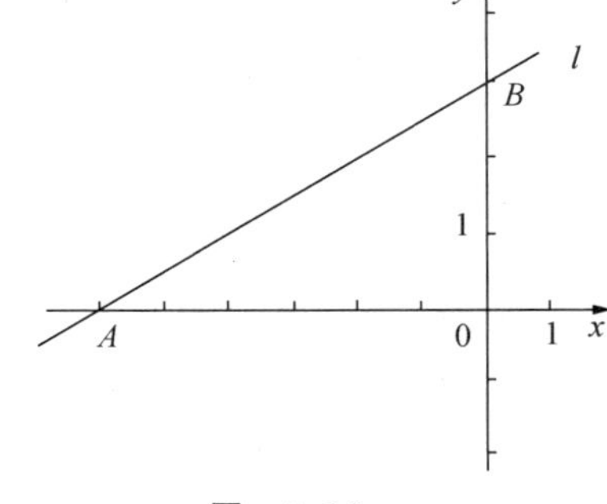

图 2-16

画一条直线时，只要找出这条直线上的任意两点就可以了，通常是找出直线与两个坐标轴的交点，上面已经求得直线 l 与 x 轴、y 轴的交点为 $A(-6,0)$、$B(0,3)$，过点 A、B 作直线，就得直线 l(如图 2-16 所示).

习 题 2-2

1. 写出下列直线的点斜式方程，并画出图形.

(1) 经过点 $A(2,5)$，斜率是 4；

(2) 经过点 $B(3,-1)$，斜率是$\sqrt{2}$；

(3) 经过点 $C(-\sqrt{2},2)$，倾斜角是 30°；

(4) 经过点 $D(0,3)$，倾斜角是 0°；

(5) 经过点 $E(4,-2)$，倾斜角是 120°.

2. 根据下列条件求直线方程，并画出图形.

(1) 在 x 轴上的截距是 2，在 y 轴上的截距是 3；

(2) 在 x 轴上的截距是 -5，在 y 轴上的截距是 6.

3. 根据下列条件，写出直线的方程，并且化成一般式.

(1) 经过点 $B(4,2)$，平行于 x 轴；

(2) 斜率是 $-\frac{1}{2}$，经过点 $A(8,-2)$；

(3) 在 x 轴和 y 轴上的截距分别是 $\frac{3}{2}$ 和 -3；

(4) 经过两点 $P_1(3,-2)$、$P_2(5,-4)$；

(5) 过点 $B(-2,0)$ 且与 x 轴垂直；

(6) 在 y 轴上的截距是 2 且与 x 轴平行.

4. 当 m 为何值时，直线 $(2m^2+m-3)x+(m^2-m)y-4m+1=0$，

(1) 倾斜角为45°；　　(2) 在 x 轴上的截距为1；　　(3) 与 x 轴平行.

5. 已知直线的斜率 $k=2$，$P_1(3,5)$、$P_2(x_2,7)$、$P_3(-1,y_3)$是这条直线上的三个点，求 x_2 和 y_3.

6. 一条直线和 y 轴相交于点 $P(0,2)$，它的倾斜角的正弦是$\frac{4}{5}$，这样的直线有几条？求其方程.

7. 求过点 $P(2,3)$，并且在两轴上的截距相等的直线方程.

8. 已知三角形的三个顶点为 $A(0,4)$、$B(-2,-1)$、$C(3,0)$，求：

(1) 三条边所在直线的斜率和倾斜角；

(2) 三条边所在的直线方程；

(3) AB 边的中线方程.

9. 油槽储油 $20\,\mathrm{m}^3$，从一管道等速流出，50分钟流完，用直线方程表示油槽里剩余的油量 $Q(\mathrm{m}^3)$ 和流出时间 t(分钟)之间的关系，并作出图像.

10. 菱形的两条对角线长分别等于8和6，并且分别位于 x 轴和 y 轴上，求菱形各边所在的直线的方程.

第三节　平面内直线与直线的位置关系

平面内两条直线位置关系有平行、相交(包括垂直)两种情况. 下面利用直线的方程来研究直线的位置关系.

一、两条直线的平行和垂直

1. 两条直线互相平行

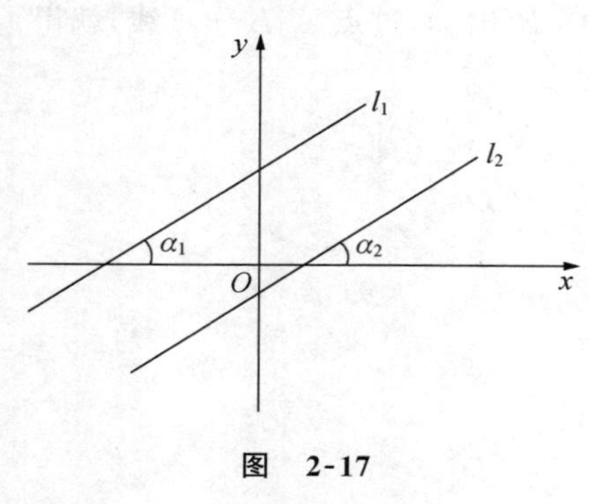

图　2-17

如图2-17所示，设两条直线的方程分别是

$$l_1: y=k_1x+b_1,$$
$$l_2: y=k_2x+b_2,$$

它们的倾斜角分别是 α_1 和 α_2，如果

$$l_1 /\!/ l_2,$$

那么

$$\alpha_1=\alpha_2 \text{ 且 } b_1\neq b_2,$$

于是

$$\tan\alpha_1=\tan\alpha_2,$$

即

$$k_1=k_2 \text{ 且 } b_1\neq b_2.$$

这就是说，若两条直线平行，则 它们的**斜率相等，纵截距不等.**

反之，如果 $k_1=k_2$，$b_1\neq b_2$，即

$$\tan\alpha_1=\tan\alpha_2, b_1\neq b_2$$

又因为

$$0\leqslant\alpha_1<\pi、0\leqslant\alpha_2<\pi,$$

所以

$$\alpha_1=\alpha_2,$$

于是

$$l_1 /\!/ l_2.$$

也就是说，若两条直线的斜率相等，纵截距不等，则这两直线平行.

由以上分析可知，如果斜率都存在的两条直线互相平行，那么这两条直线的斜率相等，纵截距不等，反之亦然. 即

$$l_1 \parallel l_2 \Leftrightarrow k_1 = k_2 \text{ 且 } b_1 \neq b_2.$$

对于斜率不存在(即倾斜角为$\frac{\pi}{2}$)的两条直线，只要它们不重合，就必然平行.

想一想：如果一条直线的斜率存在，另一条直线的斜率不存在，那么它们是否平行呢？为什么？

例 1　已知直线 $l_1: 2x-3y+1=0$，$l_2: 4x-6y-5=0$，求证 $l_1 \parallel l_2$.

证明　将直线 $l_1: 2x-3y+1=0$，$l_2: 4x-6y-5=0$ 化成点斜式方程分别为

$$l_1: y=\frac{2}{3}x+\frac{1}{3},$$

$$l_2: y=\frac{2}{3}x-\frac{5}{6},$$

于是

$$k_1=k_2=\frac{2}{3}, b_1=\frac{1}{3}\neq b_2=-\frac{5}{6}$$

所以

$$l_1 \parallel l_2.$$

例 2　求过点 $A(1,-1)$ 且平行于直线 $l: 3x-2y+2=0$ 的直线方程.

解　因为所求直线与直线 $l: 3x-2y+2=0$ 平行，所以可设所求直线的方程为

$$3x-2y+m=0,$$

将点 $A(1,-1)$ 代入，解得

$$m=-5,$$

因此所求直线的方程为

$$3x-2y-5=0.$$

2. 两条直线互相垂直

如图 2-18 所示，如果 $l_1 \perp l_2 (k_1 \neq 0, k_2 \neq 0)$，那么

$$\alpha_2=\frac{\pi}{2}+\alpha_1,$$

$$\tan\alpha_2=\tan\left(\frac{\pi}{2}+\alpha_1\right)=\tan\left[\frac{\pi}{2}-(-\alpha_1)\right]$$

$$=\cot(-\alpha_1)=-\cot\alpha_1=-\frac{1}{\tan\alpha_1}.$$

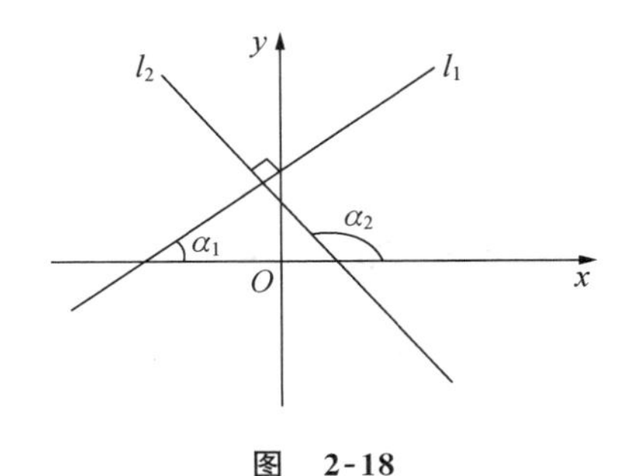

图　2-18

即

$$k_2=-\frac{1}{k_1} \text{或} k_1k_2=-1.$$

反之，如果 $k_2=-\frac{1}{k_1}$，不妨设 $k_2<0$，则 $k_1>0$，

因为

$$0\leqslant\alpha_1<\pi, 0\leqslant\alpha_2<\pi,$$

所以

$$0<\alpha_1<\frac{\pi}{2},\frac{\pi}{2}<\alpha_2<\pi,$$

从而$\frac{\pi}{2}<\frac{\pi}{2}+\alpha_1<\pi$. 于是由

$$\tan\alpha_2=-\frac{1}{\tan\alpha_1}=-\cot\alpha_1=\tan\left[\frac{\pi}{2}-(-\alpha_1)\right]=\tan\left(\frac{\pi}{2}+\alpha_1\right),$$

得

$$\alpha_2=\frac{\pi}{2}+\alpha_1,$$

所以

$$l_1\perp l_2.$$

由上述讨论可知，如果两条直线斜率存在且互相垂直，那么这两条直线的斜率之积为-1，反之亦然. 即

$$l_1\perp l_2\Leftrightarrow k_1k_2=-1.$$

想一想：如果两条直线中有一条直线的斜率不存在，那么它们垂直的条件是什么？

例 3 已知两条直线 $l_1:2x+3y+1=0$，$l_2:3x-2y-2=0$，求证 $l_1\perp l_2$.

证明 由已知得直线 l_1 的斜率 $k_1=-\frac{2}{3}$，l_2 的斜率 $k_2=\frac{3}{2}$，于是

$$k_1k_2=-\frac{2}{3}\times\frac{3}{2}=-1,$$

所以 $l_1\perp l_2$.

例 4 求过点 $A(1,1)$且与直线 $l:x-2y-1=0$ 垂直的直线方程.

解 直线 l 的斜率是$\frac{1}{2}$，因为所求直线与 l 垂直，所以它的斜率为

$$k=-\frac{1}{\frac{1}{2}}=-2,$$

代入直线的点斜式方程，得所求直线的方程为

$$y-1=-2(x-1).$$

即

$$2x+y-3=0.$$

二、两直线的交点

设两条直线的方程分别为

$$l_1:A_1x+B_1y+C_1=0,$$
$$l_2:A_2x+B_2y+C_2=0,$$

如果有 $B_1\neq0$，$B_2\neq0$，则这两条直线的斜率分别 $k_1=-\frac{A_1}{B_1}$，$k_2=-\frac{A_2}{B_2}$. 我们知道，平面内的两条直线若不平行则必然相交，显然有如下结论：

(1) 当$\frac{A_1}{A_2}\neq\frac{B_1}{B_2}$时，$l_1$ 与 l_2 相交，有一个交点；

(2) 当$\frac{A_1}{A_2}=\frac{B_1}{B_2}\neq\frac{C_1}{C_2}$时，$l_1$ 与 l_2 平行，没有交点；

(3) 当$\frac{A_1}{A_2}=\frac{B_1}{B_2}=\frac{C_1}{C_2}$时，$l_1$ 与 l_2 重合，有无数个交点.

下面我们来分析如何求两条直线的交点.

如果这两条直线交于一点，那么这个交点必同时在这两条直线上，即交点坐标一定是方程组

$$\begin{cases}A_1x+B_1y+C_1=0,\\A_2x+B_2y+C_2=0\end{cases}$$

的解.反过来，如果此方程组有唯一一组解，则以这组解为坐标的点必是两条直线的交点.因此，两条直线是否有交点，就要看以上方程组是否有唯一解.

例 5　求下列两条直线的交点.

$$l_1: 2x-3y-7=0,$$
$$l_2: 4x+5y-3=0.$$

解　解方程组$\begin{cases}2x-3y-7=0,\\4x+5y-3=0,\end{cases}$得

$$\begin{cases}x=2,\\y=-1.\end{cases}$$

即所求交点的坐标是$(2,-1)$(如图 2-19 所示).

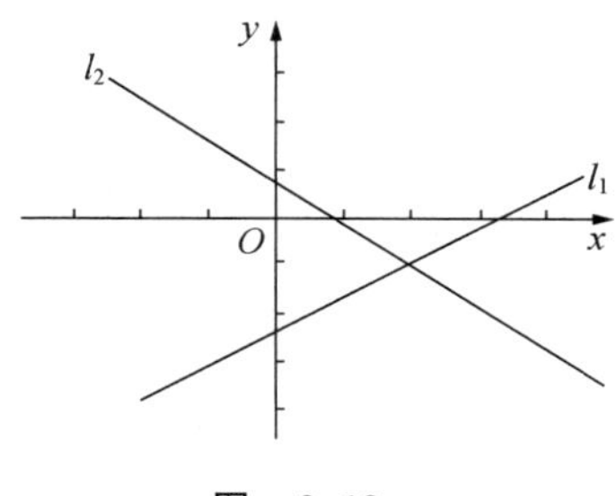

图　2-19

例 6　判断下列两组直线是否有交点.

(1) $l_1: 3x+2y-5=0$，$l_2: 9x+6y+12=0$；

(2) $l_1: 3x+2y+4=0$，$l_2: 9x+6y+12=0$.

解　(1) 因为

$$\frac{3}{9}=\frac{2}{6}\neq\frac{-5}{12},$$

所以由上述结论(2)知此两直线平行，没有交点.

(2) 因为

$$\frac{3}{9}=\frac{2}{6}=\frac{4}{12},$$

所以由上述结论(3)知此两直线重合，有无数个交点.

例 7　某工厂日产某种商品的总成本 y(元)与该商品日产量 x(件)之间有成本函数 $y=10x+4\,000$，而该商品出厂价格为每件 20 元，试问工厂至少日产该商品多少件才不会亏本(即求盈亏转折点)?

解　根据已知条件，该商品日总产值为

$$y=20x,$$

而日总成本为

$$y=10x+4\,000,$$

它们的图像都是直线(如图 2-20 所示),设交点为 $A(x_0,y_0)$.

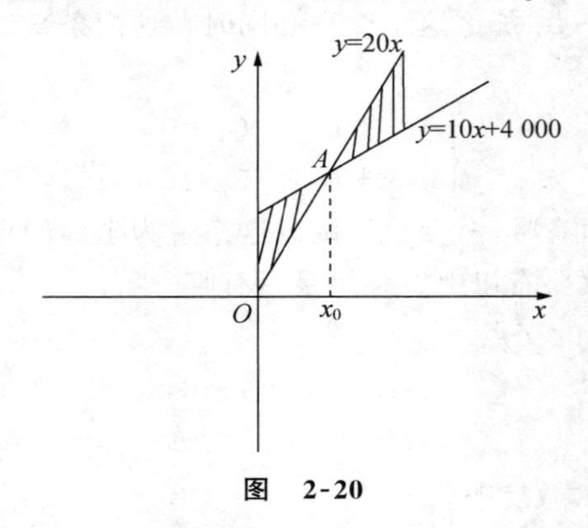

图 2-20

显然,当 $0\leqslant x<x_0$ 时,成本大于产值,这时厂方亏本;而当 $x>x_0$ 时,产值大于成本,这时厂方盈利,所以交点 A 就是厂方盈亏的转折点.

解方程组

$$\begin{cases}y=20x,\\ y=10x+4\,000.\end{cases}$$

得

$$\begin{cases}x_0=400,\\ y_0=8\,000.\end{cases}$$

即当工厂日产该商品至少 400 件时,日产值为 8 000 元,才不会亏本.

习 题 2-3

1. 判断下列各对直线是否平行或垂直:

(1) $l_1:3x-2y+4=0,l_2:6x-4y+7=0$;

(2) $l_1:2y-3=0,l_2:y+7=0$;

(3) $l_1:5x-3y=0,l_2:6x+10y+7=0$;

(4) $l_1:3x-y-2=0,l_2:2x+6y+7=0$;

(5) $l_1:-2x-3y+3=0,l_2:x-2y=0$.

2. 根据下列条件,求直线的方程.

(1) 求过点 $A(1,-4)$且与直线 $2x+3y+5=0$ 平行;

(2) 经过点 $C(2,-3)$且平行于过两点 $M(1,2)$和 $N(-1,-5)$的直线;

(3) 求过点 $A(2,1)$且与直线 $2x+y-10=0$ 垂直.

3. 已知直线 l_1、l_2 的方程分别是

$$l_1:A_1x+B_1y+C_1=0,l_2:A_2x+B_2y+C_2=0,$$

且 $A_1B_1C_1\neq0,A_2B_2C_2\neq0,A_1B_2-A_2B_1=0,B_1C_2-B_2C_1\neq0$,求证 $l_1/\!/l_2$.

4. 已知两点 $A(7,-4)$、$B(-5,6)$,求线段 AB 的垂直平分线的方程.

5. 三角形的三个顶点是 $A(4,0)$、$B(6,7)$、$C(0,3)$,求三角形的边 BC 上的高所在的直线方程.

6. 求满足下列条件的直线方程.

(1) 经过两条直线 $2x-3y+10=0$ 和 $3x+4y-2=0$ 的交点且垂直于直线 $3x-2y+4=0$;

(2) 经过两条直线 $2x+y-8=0$ 和 $x-2y+1=0$ 的交点且平行于直线 $4x-3y-7=0$；

(3) 经过两条直线 $y=2x+3$ 和 $3x-y+2=0$ 的交点且垂直于第一条直线.

7. 直线 $ax+2y+8=0$、$4x+3y=10$ 和 $2x-y=10$ 相交于一点，求 a 的值.

8. 若某种产品在市场上的供应数量 Q(万件)与总售价 P(万元)之间的关系为 $P-3Q-5=0$，而需求量 Q(万件)与总售价 P(万元)之间的关系为 $P+3Q-29=0$，试求市场的供需平衡点(即供应和需求的平衡点).

第四节　点到直线的距离

一、点到直线的距离公式

在平面直角坐标系中，如果已知某点 P 的坐标为 (x_0, y_0)，直线 l 的方程是 $Ax+By+C=0$，怎样由点的坐标和直线的方程直接求点 P 到直线 l 的距离呢？下面通过实例来研究这个问题.

例 1　某供电局计划年底解决本地区最后一个村庄的用电问题，经过测量，若按部门内部设计好的坐标图(即：以供电局为原点，正东方向为 x 轴的正半轴，正北方向为 y 轴的正半轴，长度单位为千米)，得知这村庄的坐标是 $P(-1,5)$，离它最近的只有一条线路通过，其方程为 l：$2x+y+10=0$，问要完成任务，至少需要多长的电线？

解　如图 2-21 所示，作 $PP_1\perp l$，垂足为 P_1，则点 $P(-1,5)$ 到直线 l 的距离为

$$d=|PP_1|,$$

由直线 l 的方程可知其斜率是 -2，所以与直线 l 垂直的直线 PP_1 的斜率 $k=\frac{1}{2}$，则直线 PP_1 的方程为

$$y-5=\frac{1}{2}(x+1),$$

即

$$x-2y+11=0.$$

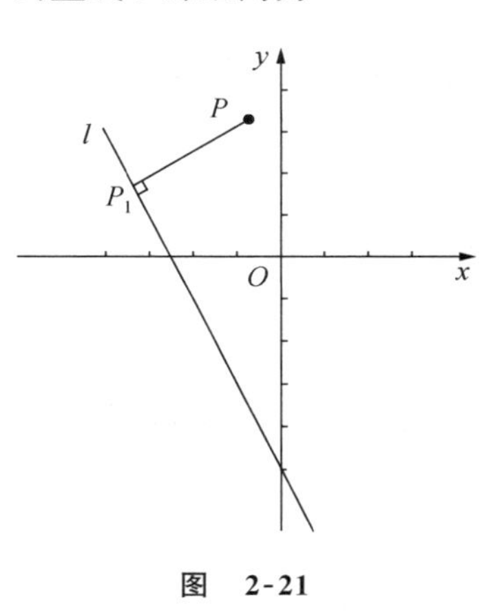

图　2-21

解方程组

$$\begin{cases}2x+y+10=0,\\x-2y+11=0,\end{cases}$$

得交点 P_1 的坐标为 $\left(-\frac{31}{5},\frac{12}{5}\right)$.

根据两点间距离公式，得

$$d=|PP_1|=\sqrt{\left(-\frac{31}{5}+1\right)^2+\left(\frac{12}{5}-5\right)^2}=\frac{13}{5}\sqrt{5}.$$

利用例 1 的方法步骤可以证明：点 $P_0(x_0,y_0)$ 到直线 $Ax+By+C=0$ 的距离公式为

$$d=\frac{|Ax_0+By_0+C|}{\sqrt{A^2+B^2}}. \tag{2-8}$$

如例 1，把 $A=2$，$B=1$，$C=10$，$x_0=-1$，$y_0=5$ 代入公式 2-8，得

$$d=\frac{|2\times(-1)+1\times5+10|}{\sqrt{2^2+1^2}}=\frac{13}{5}\sqrt{5}.$$

例 2 求点 $P_0(-1,2)$ 到直线(1) $2x+y-10=0$，(2) $3x=4$ 的距离.

解 (1) 由点到直线的距离公式，得

$$d=\frac{|2\times(-1)+1\times 2-10|}{\sqrt{2^2+1^2}}=2\sqrt{5}.$$

(2) **解法 1** 将直线方程 $3x=4$ 化成一般式方程为

$$3x-4=0,$$

由点到直线的距离公式，得

$$d=\frac{|3\times(-1)+0\times 2-4|}{\sqrt{3^2+0^2}}=\frac{7}{3}.$$

解法 2 由直线方程 $3x=4$ 得

$$x=\frac{4}{3},$$

此直线平行于 y 轴，它在 x 轴上的截距是 $\frac{4}{3}$，所以

$$d=\left|\frac{4}{3}-(-1)\right|=\frac{7}{3}.$$

例 3 点 $A(a,6)$ 到直线 $3x-4y=2$ 的距离等于 4，求 a 的值.

解 直线方程 $3x-4y=2$ 化成一般形式为

$$3x-4y-2=0,$$

由点到直线的距离公式，解关于 a 的方程

$$\frac{|3a-4\times 6-2|}{\sqrt{3^2+4^2}}=4,$$

得

$$a=2 \text{ 或 } a=\frac{46}{3}.$$

二、两平行直线间的距离

例 4 求平行线 l_1：$3x+4y-6=0$ 和 l_2：$3x+4y+12=0$ 间的距离.

解 由于 $l_1 /\!/ l_2$，所以 l_1、l_2 中任一直线上的任一点到另一直线的距离都相等，在 l_1 上取一点 $P(2,0)$（如图 2-22 所示），则点 P 到 l_2 的距离为

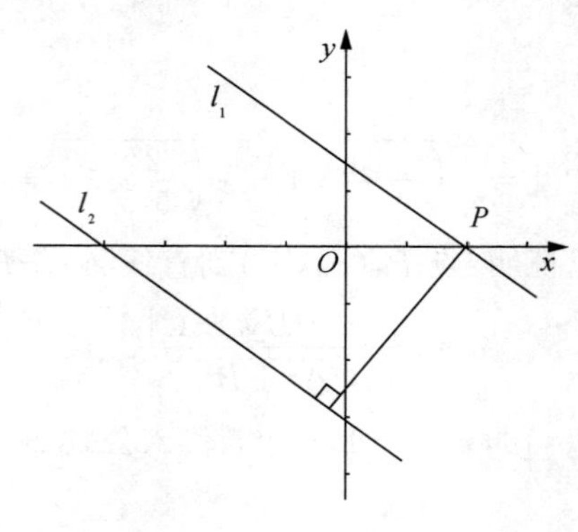

图 2-22

$$d=\frac{|3\times2+4\times0+12|}{\sqrt{3^2+4^2}}=\frac{18}{5}.$$

即为两平行线 l_1、l_2 间的距离.

由例 4 可知，求两平行线间的距离可归结为求点到直线间的距离，即在两条平行线中的任一条上任取一点，则该点到另一条直线的距离就是这两条平行直线间的距离. 依此法可以证明平行直线 l_1：$Ax+By+C_1=0$ 和 l_2：$Ax+By+C_2=0$ 的距离公式为

$$d=\frac{|C_2-C_1|}{\sqrt{A^2+B^2}}. \tag{2-9}$$

如上例，把 $A=3$，$B=4$，$C_1=-6$，$C_2=12$ 代入公式，得

$$d=\frac{|12-(-6)|}{\sqrt{3^2+4^2}}=\frac{18}{5}.$$

习 题 2-4

1. 点 $M(-3,0)$ 到直线 $x-2=0$ 的距离是多少？到直线 $y+3=0$ 的距离又是多少？
2. 求下列点到直线的距离.
   (1) $A(-2,3)$，l：$3x+4y+3=0$；　　(2) $B(1,0)$，l：$\sqrt{3}x+y-\sqrt{3}=0$；
   (3) $C(0,0)$，l：$x=y$；　　(4) $D(0,0)$，l：$3x+2y-26=0$；
   (5) $E(1,-2)$，l：$4x+3y=0$.
3. 求两平行线 $y-1=0$ 与 $y+2=0$ 的距离.
4. 求下列两条平行线的距离：
   (1) l_1：$2x+3y-8=0$，l_2：$2x+3y+18=0$；
   (2) l_1：$3x+4y=10$，l_2：$3x+4y=0$.
5. 正方形的中心在 $A(-1,0)$，一条边所在的直线方程是 $x+3y-5=0$，求其他三边所在的直线方程.

复 习 题 二

1. 判断题

   (1) 当 $a=b\neq0$ 时，直线 $\frac{x}{a}+\frac{y}{b}=1$ 的倾斜角是 $135°$.　(　)

   (2) 三条直线 l_1：$3x-4y+1=0$，l_2：$4x+3y+1=0$，l_3：$x-y=0$ 所围成的三角形是直角三角形.　(　)

   (3) $A(a,b+c)$，$B(b,c+a)$，$C(c,a+b)$ 三点不在同一条直线上.　(　)

   (4) 以 $A(-4,-2)$，$B(2,0)$，$C(8,6)$，$D(2,4)$ 为顶点的四边形是平行四边形.　(　)

   (5) 若直线 l_1 与 l_2 的倾斜角满足关系式 $\alpha_1=2\alpha_2$，则它相应的斜率必满足 $k_1=2k_2$.　(　)

   (6) 若 $A=3$，$C=-2$，则直线 $Ax-2y-1=0$ 与 $6x-4y+C=0$ 不能重合.　(　)

   (7) 设直线 l 的方程是 $y=\left(\sin\frac{\alpha}{2}\right)x+3$. 则它的斜率是 $\sin\frac{\alpha}{2}$，倾斜角是 $\frac{\alpha}{2}$.　(　)

2. 选择题

   (1) 设直线 $Ax+By+C=0$ 与两坐标轴都相交，则(　　).

   A. $AB\neq0$　　B. $A\neq0$ 或 $B\neq0$　　C. $C\neq0$　　D. $B\neq0$

   (2) 直线 $3x+2y-1=0$ 的倾斜角是(　　).

A. $\arctan\left(-\frac{3}{2}\right)$ B. $\arctan\frac{3}{2}$

C. $\pi-\arctan\left(-\frac{3}{2}\right)$ D. $\pi-\arctan\frac{3}{2}$

(3) 若直线的纵截距为-7,倾斜角为$\frac{3\pi}{4}$,则此直线方程为(　　).

A. $x+y+7=0$ B. $x+y-7=0$

C. $x-y+7=0$ D. $x-y-7=0$

(4) 在直角坐标系中,点$(x,-4)$位于点$(0,8)$和$(-4,0)$的连线上,那么x等于(　　).

A. -2 B. 2 C. -8 D. -6

(5) 某直线与y轴交于点$P(0,b)$ $(b>0)$,它的倾斜角的正弦是m $(0<m<1)$,则满足条件的直线有(　　).

A. 1条 B. 2条 C. 3条 D. 无一条

(6) 点A在直线$3x-4y+12=0$上,O为原点,则$|OA|$的最小值是(　　).

A. $\frac{12}{5}$ B. $\frac{11}{\sqrt{7}}$ C. $-\frac{11}{\sqrt{7}}$ D. $-\frac{12}{5}$

(7) 两条平行线$Ax+By+C_1=0$与$Ax+By+C_2=0$之间的距离d为(　　).

A. C_1-C_2 B. C_2-C_1 C. $\frac{|C_1-C_2|}{\sqrt{A+B}}$ D. $\frac{|C_2-C_1|}{\sqrt{A^2+B^2}}$

(8) 不论a为何值时,直线$x-(a+1)y-2a-5=0$恒过定点,此定点是(　　).

A. $(3,2)$ B. $(-3,2)$ C. $(3,-2)$ D. $(-2,3)$

3. 填空题

(1) 直线$5x-3y+15=0$在两坐标轴间线段的长为________.

(2) 线段M_1M_2的中点是$P(-1,2)$,已知端点M_1的坐标是$(2,5)$,则另一端点M_2的坐标是________.

(3) 已知直线的倾斜角的正弦是$\frac{3}{5}$,与两坐标轴围成的三角形的面积是6,则此直线方程是________.

(4) 直线$2x-5y-10=0$和坐标轴所围成的三角形的面积是________.

(5) 经过点$A(-2,0)$与$B(0,-1)$的直线的斜率是________,倾斜角是________,直线方程是________.

(6) 经过点$P(0,-2)$,倾斜角为$\frac{2\pi}{3}$的直线方程是________.

(7) 已知两直线l_1: $(3+m)x+4y-5=3m$, l_2: $2x+(5+m)y=8$,则$m=$________时,l_1与l_2相交;$m=$________时,$l_1 /\!/ l_2$;$m=$________时,l_1与l_2重合.

(8) 若两直线l_1: $4ax+y=1$, l_2: $(1-a)x+y=-1$互相垂直,则a应该满足的条件是________.

(9) 已知两直线l_1: $ax+4y-2=0$, l_2: $2x-5y+c=0$互相垂直,且垂足为$(1,m)$,则其中$a=$________,$c=$________,$m=$________.

(10) 经过直线$2x+y-8=0$和$x-2y+1=0$的交点且平行于$4x-3y-7=0$的直线方程为________.

(11) 三角形 ABC 的顶点坐标分别是 $A(4,0)$，$B(6,7)$，$C(0,3)$，则 AB 边上的高线所在的直线方程为________，AB 边上高的长度为________.

(12) 点 $A(a,3)$ 到直线 $4x-3y+1=0$ 距离等于 4，则 A 点的坐标是________.

(13) 平行于直线 $x-y-2=0$ 且与它的距离为 $2\sqrt{2}$ 的直线方程为________.

4. 已知点 $A(1,-2)$ 到点 M 的距离是 3，又知过点 M 和点 $B(0,-1)$ 的直线的斜率等于 $\frac{1}{2}$，试求点 M 的坐标.

5. 已知平行四边形的三个顶点为 $A(1,1)$，$B(2,2)$，$C(1,2)$，求第四个顶点 D 的坐标.

6. 已知直线 $x+2y-4=0$，求点 $(5,7)$ 关于此直线的对称点.

7. 已知两条直线：l_1：$x+my+6=0$，l_2：$(m-2)x+3y+2m=0$，当 m 为何值时，l_1 与 l_2 (1) 相交；(2) 平行；(3) 重合.

8. 一根弹簧，挂 4 kg 的物体时，长 20 cm，在弹性限度内所挂物体的重量每增加 1 kg，弹簧伸长 1.5 cm，利用点斜式方程表示弹簧的长度 L(cm) 和所挂物体重量 F(kg) 之间的关系.

第三章　二次曲线

在生产实践和科学研究中，除了应用已经学过的直线知识外，还常常用到圆、椭圆、双曲线和抛物线等平面曲线，例如，油罐车上油罐的封头，人造地球卫星的轨道等都是椭圆形的；发电厂里冷却塔的剖面是双曲线形的；物体平抛时运行轨道是抛物线等，由于这些曲线在平面直角坐标系中的方程都是关于 x,y 的二次方程，所以把它们统称为**二次曲线**，上述曲线又可以用一个平面截圆锥面而得到，因此，圆、椭圆、双曲线、抛物线也统称为**圆锥曲线**.

本章我们在建立曲线与方程的概念基础上，讨论圆、椭圆、双曲线、抛物线的标准方程及它们的性质和图像等，另外介绍极坐标和参数方程的基本知识.

第一节　曲线与方程

一、曲线的方程

在上一章中我们研究过直线方程的几种形式，讨论了直线和二元一次方程的关系，下面我们进一步研究一般平面曲线和方程的关系.

我们知道，平面直角坐标系中第Ⅰ、Ⅲ象限角平分线的方程是 $x-y=0$，就是说，如果点 $M(x_0,y_0)$ 是这条直线上任意一点，那么它的坐标 x_0,y_0 是方程 $x-y=0$ 的解；反过来，如果点 (x_0,y_0) 的坐标 x_0,y_0 是方程 $x-y=0$ 的解，那么以这个解为坐标的点 $M(x_0,y_0)$ 到两坐标轴的距离相等，它一定在这条平分线上(如图 3-1 所示).

又如，函数 $y=x^2$ 的图像是关于 y 轴对称的抛物线(如图 3-2 所示)，这条抛物线是所有以方程 $y=x^2$ 的解为坐标的点组成的. 这就是说，如果 $M(x_0,y_0)$ 是抛物线上的点，那么 x_0，y_0 一定是这个方程的解；反过来，如果 x_0,y_0 是方程 $y=x^2$ 的解，那么以 x_0,y_0 为坐标的点 $M(x_0,y_0)$ 一定在这条抛物线上.

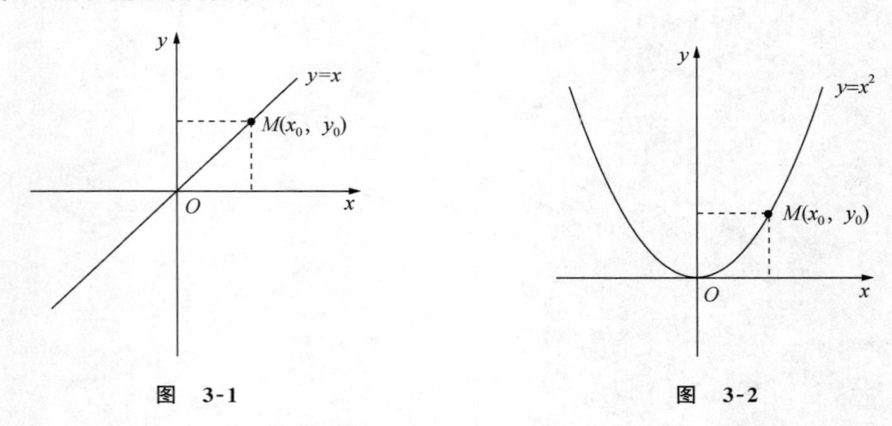

图　3-1　　　　图　3-2

一般地，在直角坐标系中，如果某曲线 C(看作适合某种条件的点的集合或轨迹)上的点与一个二元方程 O' 的实数解建立了如下关系：

(1) 曲线上的点的坐标都是这个方程的解；

(2) 以这个方程的解为坐标的点都是曲线上的点.

那么,这个方程叫作**曲线的方程**;这条曲线叫作**方程的曲线**.

由曲线的方程的定义可知,如果曲线 C 的方程是 $f(x,y)=0$,点 $P_0(x_0,y_0)$ 在曲线 C 上,那么 $f(x_0,y_0)=0$. 反之亦然.

曲线与方程之间具有这样的对应关系,因此我们可以用代数的方法来研究几何问题.

例 1　判定点 $A(3,-4)$ 和 $B(-2\sqrt{5},2)$ 是否在曲线 $x^2+y^2=25$ 上.

解　把点 A 的坐标代入所给方程,得

$$3^2+(-4)^2=25,$$

这就是说,点 A 的坐标满足所给方程,所以点 $A(3,-4)$ 在曲线 $x^2+y^2=25$ 上;

把点 B 的坐标代入所给方程,得

$$(-2\sqrt{5})^2+2^2=24\neq 25.$$

这就是说,点 B 的坐标不满足所给方程,所以点 $B(-2\sqrt{5},2)$ 不在曲线 $x^2+y^2=25$ 上.

例 2　已知方程为 $x^2+y^2=36$ 的圆过点 $C(\sqrt{11},m)$,求 m 的值.

解　将点 $C(\sqrt{11},m)$ 的坐标代入方程 $x^2+y^2=36$ 中,得

$$(\sqrt{11})^2+m^2=36,$$

解得

$$m=\pm 5.$$

二、求曲线的方程

下面我们讨论根据条件求曲线的方程.

例 3　设 A、B 两点的坐标是 $A(-1,1)$,$B(3,7)$,求线段 AB 的垂直平分线的方程.

解　设 $M(x,y)$ 是线段 AB 的垂直平分线上任意一点(如图 3-3 所示),按题意得

$$|MA|=|MB|,$$

根据两点间的距离公式,得

$$\sqrt{(x+1)^2+(y-1)^2}=\sqrt{(x-3)^2+(y-7)^2},$$

化简,得

$$2x+3y-14=0. \qquad (1)$$

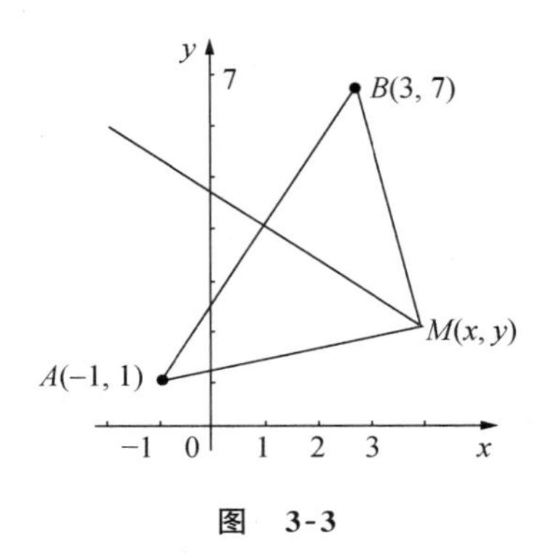

图　3-3

可以证明以方程(1)的解为坐标的点都在线段 AB 的垂直平分线上(证明过程略).

因此,方程(1)是线段 AB 的垂直平分线的方程.

由上面例子可以看出,由已知条件求曲线的方程的一般步骤如下:

(1) 建立适当的直角坐标系,并设 $M(x,y)$ 为曲线上任意点(动点);

(2) 按题意用等式写出动点所适合的条件;

(3) 用动点的坐标 x,y 之间的关系式表示上述条件,即得方程;

(4) 将方程化简;

(5) 证明化简后的方程为曲线的方程.

一般情况下,化简前后方程的解集是相同的,步骤(5)可以省略不写,如有特殊情况,可

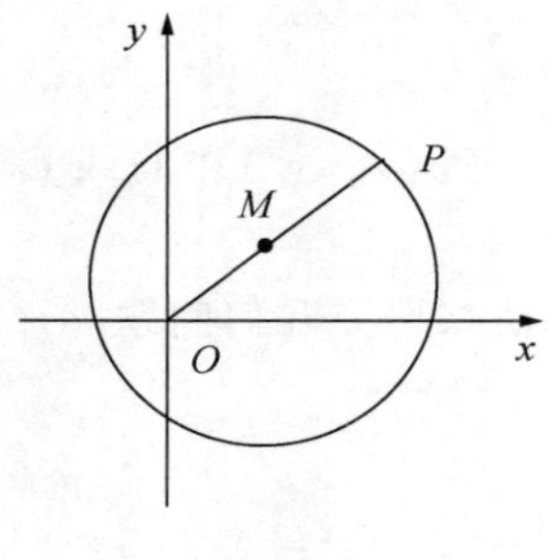

图 3-4

适当予以说明.另外,根据情况,也可以省略步骤(2),直接列出曲线方程.

例 4 已知 P 是圆$(x-1)^2+(y-1)^2=4$ 上的一个动点,O 为坐标原点(如图 3-4 所示),求线段 OP 的中点 M 的轨迹方程.

解 设 $M(x,y)$,$P(x_1,y_1)$,则

$$\begin{cases}x_1=2x\\y_1=2y\end{cases},$$

由点在 P 圆上,得

$$(2x-1)^2+(2y-1)^2=4,$$

整理,得

$$\left(x-\frac{1}{2}\right)^2+\left(y-\frac{1}{2}\right)^2=1,$$

即点 M 的轨迹方程.

习 题 3-1

1. 判定原点是否在下列曲线上:

   (1) $y=2x^2-3x$; (2) $x^2+y^2-2x+9=0$.

2. 求方程$(x-a)^2+(y-b)^2=r^2$ 所表示的曲线经过原点的条件.

3. 求适合下列条件的动点的轨迹方程:

   (1) 与直线 $y+3=0$ 的距离等于 6; (2) 与原点的距离等于 3;

   (3) 与定点 $A(1,2)$距离等于 5; (4) 与两定点 $A(3,1)$、$B(-1,5)$距离相等.

4. 求到点 $A(-3,0)$和点 $B(3,0)$的距离的平方差是 48 的动点的轨迹方程.

5. 点 M 到点 $A(-4,0)$和点 $B(4,0)$的距离的和为 12,求动点 M 的轨迹的方程.

6. 等腰三角形一腰的两个端点是 $A(4,0)$,$B(3,5)$,求这个三角形第三个顶点的轨迹方程.

7. 一条线段 AB 的长等于 $2a$,两个端点 A、B 分别在 x 轴和 y 轴上滑动,求 AB 中点 M 的轨迹方程.

8. 求与原点及直线 $x+4y-3=0$ 等距离的点的轨迹方程.

9. 动点 M 到点$(2,4)$的连线的斜率等于它到点$(-2,4)$连线的斜率加 4,求动点 M 的轨迹方程.

10. 两个定点的距离为 6,点 M 到这两个定点的距离的平方和为 26,求点 M 的轨迹方程.

第二节 圆

一、圆的标准方程与一般方程

我们知道,平面内到定点距离等于定长的点的集合(轨迹)是**圆**,定点就是**圆心**,定长就是**半径**.

根据圆的定义,我们来求圆心是 $C(a,b)$,半径是 r 的圆的方程.

如图 3-5 所示,设 $M(x,y)$是圆上任意一点,由已知条件,得

$$|MC|=r,$$

由两点间的距离公式,得

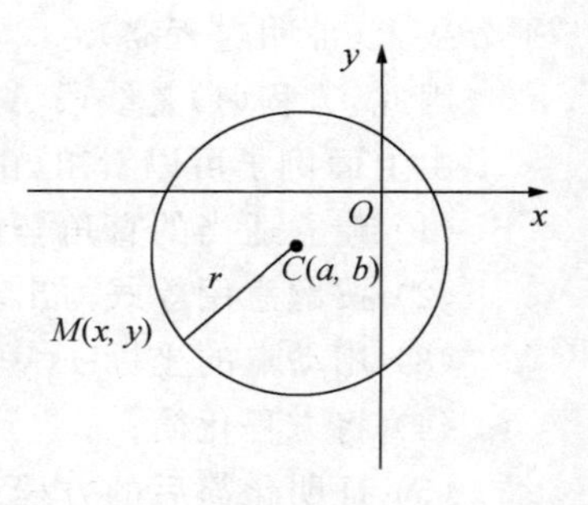

图 3-5

$$\sqrt{(x-a)^2+(y-b)^2}=r,$$

两边平方,得

$$(x-a)^2+(y-b)^2=r^2. \tag{3-1}$$

方程(3-1)就是圆心在点 $C(a,b)$,半径为 r 的圆的方程,把它叫作**圆的标准方程**.

特别地,当 $a=b=0$ 时,方程(3-1)成为

$$x^2+y^2=r^2. \tag{3-2}$$

这就是以原点为圆心,r 为半径的圆的方程.

把方程(3-1)展开,得

$$x^2+y^2-2ax-2by+(a^2+b^2-r^2)=0,$$

设 $-2a=D$, $-2b=E$, $a^2+b^2-r^2=F$,代入上式,得

$$x^2+y^2+Dx+Ey+F=0. \tag{3-3}$$

将方程(3-3)配方,得

$$\left(x+\frac{D}{2}\right)^2+\left(y+\frac{E}{2}\right)^2=\frac{D^2+E^2-4F}{4}.$$

显然,当且仅当 $D^2+E^2-4F>0$ 时,方程(3-3)表示圆,且该圆以 $\left(-\frac{D}{2},-\frac{E}{2}\right)$ 为圆心,以 $\frac{1}{2}\sqrt{D^2+E^2-4F}$ 为半径.此时,我们把方程(3-3)叫作**圆的一般方程.**

当 $D^2+E^2-4F=0$ 时,方程(3-3)仅表示点 $\left(-\frac{D}{2},\ -\frac{E}{2}\right)$.

当 $D^2+E^2-4F<0$ 时,方程(3-3)不表示任何曲线.

可见,任何一个圆的方程都可以表示为方程(3-3)的形式.但是,形如(3-3)的方程不一定都表示圆.

圆的标准方程的优点在于它明确指出了圆心和半径,而一般方程只突出了方程在形式上的特点:

(1) x^2 与 y^2 的系数相等且不等于 0;

(2) 不含 xy 项(即 xy 项的系数等于 0).

例 1　求以 $A(-2,1)$ 为圆心,并过点 $B(2,-2)$ 的圆的方程.

解　所求圆的半径为

$$r=|AB|=\sqrt{(-2-2)^2+(1+2)^2}=5,$$

由于圆心为 $A(-2,1)$,所以圆的标准方程为

$$(x+2)^2+(y-1)^2=25.$$

例 2　求以 $C(1,3)$ 为圆心并与直线 $3x-4y-6=0$ 相切的圆的方程.

解　已知圆心是 $C(1,3)$,又因为圆心到切线的距离等于半径,所以根据点到直线的距离公式,得

$$r=\frac{|3\times1-4\times3-6|}{\sqrt{3^2+(-4)^2}}=3,$$

所求圆的方程为

$$(x-1)^2+(y-3)^2=9.$$

例 3　求过三点 $O(0,0)$,$A(1,1)$,$B(4,2)$ 的圆的方程,并求圆的半径和圆心坐标.

解　设所求圆的方程为 $x^2+y^2+Dx+Ey+F=0$,因为点 O,A,B 在圆上,把它们的坐

标代入方程中，得

$$\begin{cases}F=0,\\ D+E+F+2=0,\\ 4D+2E+F+20=0.\end{cases}$$

解这个方程组，得

$$D=-8, E=6, F=0,$$

于是得到所求圆的方程为

$$x^2+y^2-8x+6y=0.$$

所求圆的半径为 $r=\frac{1}{2}\sqrt{D^2+E^2-4F}=5$，圆心坐标为 $(4,-3)$.

例 4 求与圆 $O_1:(x-2)^2+(y-2)^2=8$ 相切于点 $(4,4)$，且半径为 $\sqrt{2}$ 的圆 O_2 的方程.

解 设所求的圆 O_2 标准方程为

$$(x-a)^2+(y-b)^2=(\sqrt{2})^2=2,$$

又因为圆 O_1 半径 $r_1=\sqrt{8}=2\sqrt{2}$，圆 O_2 半径 $r_2=\sqrt{2}$ 半径，则由相切的条件可知两圆的圆心距为

$$|O_1O_2|=|r_1-r_2|=\sqrt{2} \text{ 或 } |O_1O_2|=|r_1+r_2|=3\sqrt{2},$$

即

$$\sqrt{(a-2)^2+(b-2)^2}=\sqrt{2} \text{ 或 } \sqrt{(a-2)^2+(b-2)^2}=3\sqrt{2}, \tag{1}$$

再由两圆相切于点 $(4,4)$，即该点也圆 O_2 上，则有

$$(4-a)^2+(4-b)^2=2, \tag{2}$$

将以上两个关于圆心坐标 (a,b) 的方程联立，解得

$$a=b=3 \text{ 或 } a=b=5$$

因此所求圆 O_2 的标准方程为

$$(x-3)^2+(y-3)^2=2 \text{ 或 } (x-5)^2+(y-5)^2=2.$$

显然，这两个圆一个与圆 O_1 相内切，另一个与圆 O_1 相外切（如图 3-6 所示）.

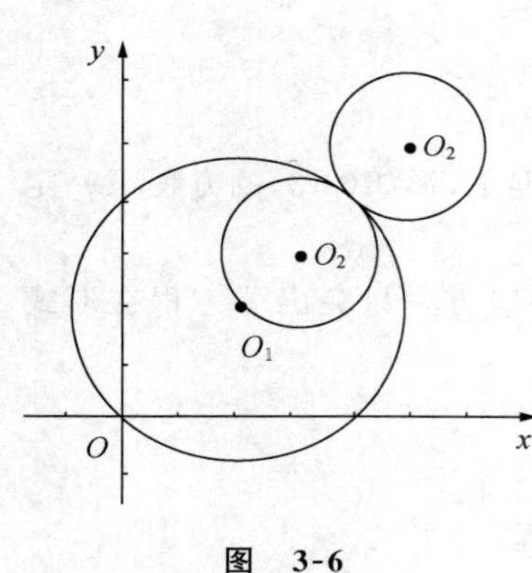

图 3-6

二、圆的方程的简单应用

圆的方程有着广泛的应用，如桥梁的建造、模具的制造等，都要用到圆的方程的知识，下面举两个实例.

例 5 图 3-7 是某圆拱桥的一孔的示意图，该圆拱跨度为 $AB=20\,\text{m}$，拱高 $OP=4\,\text{m}$，在建造时每隔 4 m需用一支柱支撑，求支柱 A_2P_2 的长度(精确到 0.01 m).

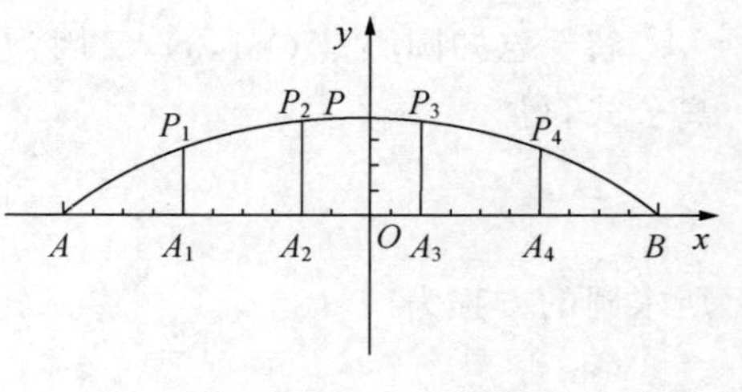

图 3-7

解 建立坐标系如图 3-7 所示，圆心在 y 轴上，设圆心的坐标是 $(0,b)$，圆的半径为 r，那么圆的方程为

$$x^2+(y-b)^2=r^2,$$

因为点 P、B 都在圆上，所以它们的坐标(0,4)，(10,0)都满足圆的方程，于是得方程组

$$\begin{cases}0^2+(4-b)^2=r^2,\\10^2+(0-b)^2=r^2\end{cases}$$

解得

$$b=-10.5,\quad r^2=14.5^2,$$

所以这个圆的方程为

$$x^2+(y+10.5)^2=14.5^2.$$

把点 P_2 的横坐标 $x=-2$ 代入上式，得

$$(-2)^2+(y+10.5)^2=14.5^2,$$

因为 P_2 的纵坐标 $y>0$，所以方根取正值，于是

$$y=\sqrt{14.5^2-(-2)^2}-10.5\approx14.36-10.5=3.86(\text{m}).$$

即所求支柱 A_2P_2 长度为 3.86 m.

例 6 图 3-8 为某冲模的轮廓曲线，已知圆 O_1 与圆 O、圆 O_2 都相外切，根据图中所标示的数据(单位 mm)，求点 O_1 的坐标(O_2 在圆 O 上)(精确到 1 mm).

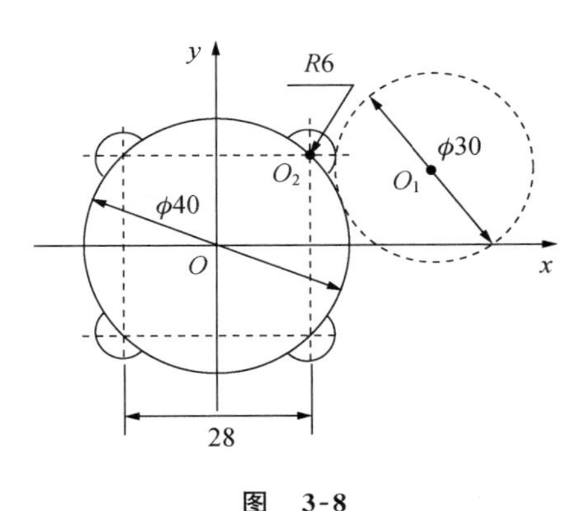

图 3-8

解 设圆心 O_1 的坐标为(x,y)，因为圆 O 与圆 O_1 相外切，故

$$|O_1O|=15+20=35,$$

即

$$\sqrt{(x-0)^2+(y-0)^2}=35.$$

又因为圆 O_1 与圆 O_2 相外切，故

$$|O_1O_2|=15+6=21,$$

而 O_2 坐标为(14,14)，则有

$$\sqrt{(x-14)^2+(y-14)^2}=21.$$

将以上两个含有 O_1 坐标$(x,\ y)$的方程联立，解方程组

$$\begin{cases}x^2+y^2=35^2,\\(x-14)^2+(y-14)^2=21^2.\end{cases}$$

得 O_1 的坐标是(34,8).

习题 3-2

1. 求圆心在点 $C(8,-3)$且经过点 $A(5,1)$的圆的方程.
2. 求经过点$(4,-2)$且与两坐标轴相切的圆的方程.
3. 求经过 $A(-1,1)$、$B(1,3)$两点，圆心在 x 轴上的圆的方程.
4. 求下列各圆的圆心坐标和半径，并画出它们的图形.
   (1) $x^2+y^2+2x-4y-4=0$；　　(2) $2x^2+2y^2-3y-2=0$.
5. 等腰三角形的高等于 5 个单位，底是点$(-4,0)$和点$(4,0)$间的线段，求其外接圆的方程.
6. 求平行于直线 $x+y-3=0$ 并与圆 $x^2+y^2-6x-4y+5=0$ 相切的直线的方程.
7. 一条纵截距为 5 的直线与圆 $x^2+y^2=5$ 相切，求此直线的方程.
8. 求与三条直线 $x=0$、$x=1$、$3x+4y+5=0$ 都相切的圆的方程.
9. 已知圆的方程为 $x^2+y^2=2$，直线的方程为 $y=x+b$，当 b 为何值时，直线与圆 (1) 相交？(2) 相切？

(3) 相离?

10. 如图所示某地建造一座跨度为 $l=8\,\text{m}$,高跨比 $\frac{h}{l}=\frac{1}{4}$ 的圆拱桥,每隔 1 m 需一根支柱支撑,求支柱 Q_2P_2 的长度(精确到 0.01 m).

11. 如图所示为某模具的一部分,其轮廓线由圆弧连接而成,圆 O_2 与圆 O_1、圆 O 都互相外切,建立如图所示的坐标系,根据图上数据(单位 mm),求圆心 O_2 的坐标(精确到 0.01 mm).

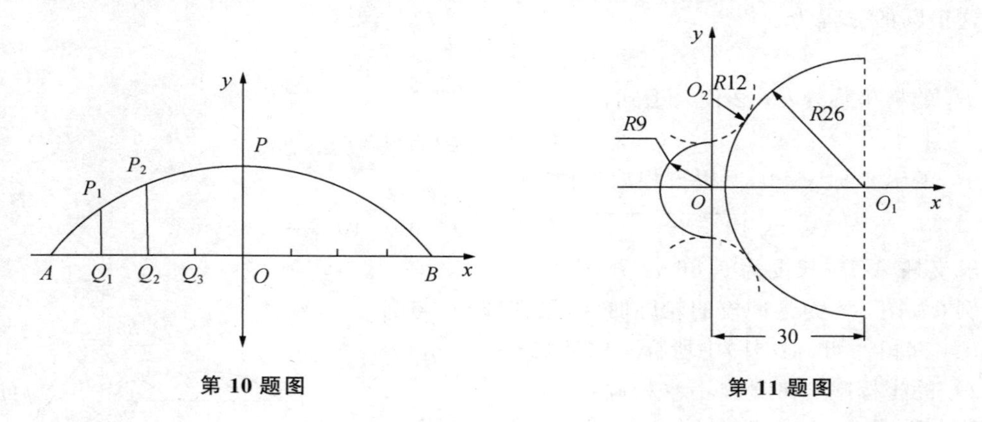

第 10 题图　　第 11 题图

第三节 椭　圆

椭圆是一种常见的曲线,如汽车油罐横截面的轮廓、天体中一些行星与卫星的运行轨道等.

一、椭圆的定义和标准方程

取一根适当长的细绳,在平板上将绳的两端分别固定在 F_1、F_2 两个点上($|F_1F_2|$ 小于绳的长度),如图 3-9 所示,用笔尖绷紧细绳,在平板上慢慢移动,就可以画出一个椭圆.

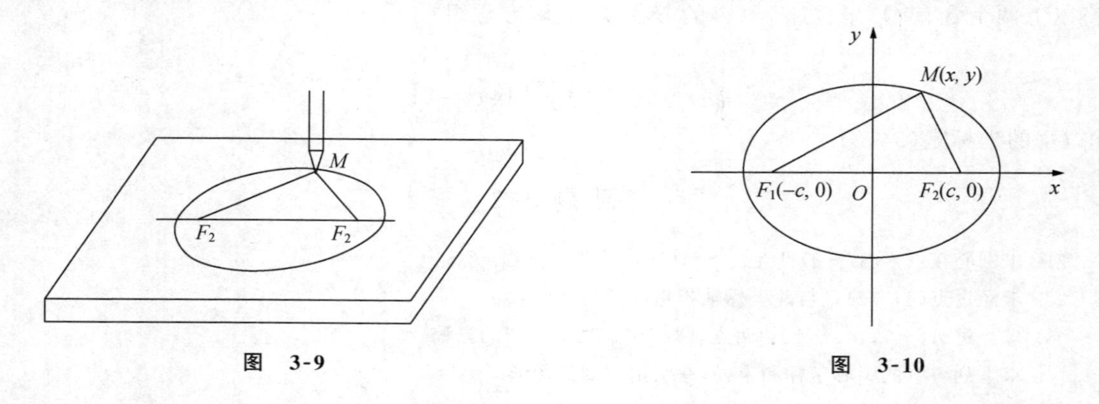

图 3-9　　图 3-10

从上面的画图过程我们可以看出,椭圆是平面内与两定点的距离的和等于定长(即这条绳长)的点的集合.

我们把平面内与两个定点 F_1、F_2 的距离的和等于常数(大于 $|F_1F_2|$)的点的轨迹叫作**椭圆**. 两个定点 F_1、F_2 叫作**椭圆的焦点**,两焦点间的距离叫作**椭圆的焦距**.

根据椭圆的定义,我们来求椭圆的方程.

如图 3-10 所示，取过点 F_1、F_2 的直线为 x 轴，线段 F_1F_2 的垂直平分线为 y 轴，建立直角坐标系 xOy.

设 $M(x,y)$ 是椭圆上任意一点，椭圆的焦距为 $2c$ $(c>0)$. 那么，焦点 F_1、F_2 的坐标分别是 $(-c,0)$，$(c,0)$，又设点 M 与 F_1 和 F_2 距离的和为常数 $2a$，根据椭圆的定义，得

$$|MF_1|+|MF_2|=2a,$$

由两点间距离公式，得

$$\sqrt{(x+c)^2+y^2}+\sqrt{(x-c)^2+y^2}=2a,$$

移项，两边平方，得

$$(x+c)^2+y^2=4a^2-4a\sqrt{(x-c)^2+y^2}+(x-c)^2+y^2,$$

整理，得

$$a\sqrt{(x-c)^2+y^2}=a^2-cx,$$

两边平方，得

$$a^2[(x-c)^2+y^2]=a^4-2a^2cx+c^2x^2,$$

整理，得

$$(a^2-c^2)x^2+a^2y^2=a^2(a^2-c^2),$$

由于 $2a>2c>0$，得 $a^2-c^2>0$，令 $b^2=a^2-c^2$（其中 $b>0$），代入上式，得

$$b^2x^2+a^2y^2=a^2b^2,$$

两边同除以 a^2b^2，得

$$\frac{x^2}{a^2}+\frac{y^2}{b^2}=1\ (a>b>0). \tag{3-4}$$

这个方程叫作**椭圆的标准方程**，它所表示的椭圆的焦点在 x 轴上，焦点是 $F_1(-c,0)$，$F_2(c,0)$，这里 $c^2=a^2-b^2$.

如果使点 F_1、F_2 在 y 轴上，点 F_1、F_2 的坐标分别为 $F_1(0,-c)$，$F_2(0,c)$（如图 3-11 所示），a、b 的意义同上，所得椭圆的方程变为

$$\frac{x^2}{b^2}+\frac{y^2}{a^2}=1\ (a>b>0). \tag{3-5}$$

这个方程也是椭圆的标准方程，其中 $c^2=a^2-b^2$.

比较方程(3-4)和(3-5)及它们表示的图形后可发现，x^2 项的分母比 y^2 项分母大时，焦点在 x 轴上；y^2 项的分母比 x^2 项分母大时，焦点在 y 轴上.

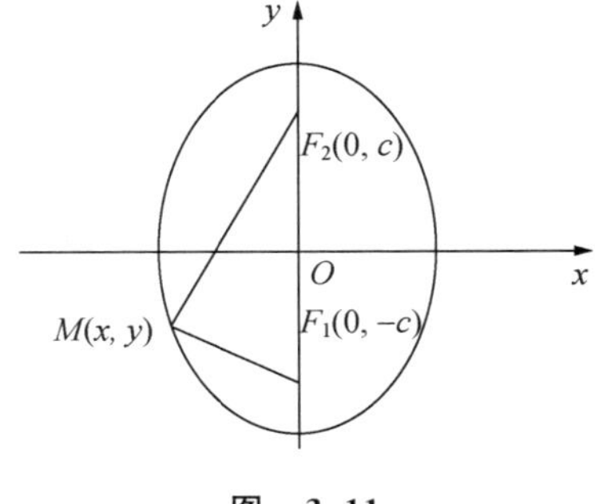

图 3-11

例 1 求满足下列条件的椭圆的标准方程：

(1) 两个焦点的坐标分别是 $(-2,0)$ 和 $(2,0)$，椭圆上一点到两焦点距离的和等于 6；

(2) 求与椭圆 $\frac{x^2}{9}+\frac{y^2}{4}=1$ 共焦点，且过点 $M(3,-2)$ 的椭圆方程.

解 (1)由已知条件知，所求椭圆的焦点在 x 轴上，所以设它的标准方程为

$$\frac{x^2}{a^2}+\frac{y^2}{b^2}=1\ (a>b>0),$$

因为 $2a=6$，$2c=4$，所以 $a=3$，$c=2$，因此

$$b^2=a^2-c^2=3^2-2^2=5,$$

所以所求椭圆的标准方程为

$$\frac{x^2}{9}+\frac{y^2}{5}=1.$$

(2)由椭圆$\frac{x^2}{9}+\frac{y^2}{4}=1$知其焦点在$x$轴上且$a_1^2=9,b_1^2=4$,于是

$$c_1^2=a_1^2-b_1^2=5.$$

因为所求椭圆与椭圆$\frac{x^2}{9}+\frac{y^2}{4}=1$共焦点,所以设所求椭圆的方程为

$$\frac{x^2}{a^2}+\frac{y^2}{a^2-5}=1,$$

又椭圆过点$M(3,-2)$,将其代入上式的椭圆方程,得

$$a^2=15\text{ 或},a^2=3(\text{舍去}),$$

因此,所求椭圆的标准方程为

$$\frac{x^2}{15}+\frac{y^2}{10}=1.$$

二、椭圆的性质

下面我们以焦点在x轴上的椭圆$\frac{x^2}{a^2}+\frac{y^2}{b^2}=1\ (a>b>0)$为例,来研究椭圆的图像和主要性质.对于焦点在$y$轴上的椭圆$\frac{x^2}{b^2}+\frac{y^2}{a^2}=1\ (a>b>0)$的图像和主要性质,类似可得.

1.对称性

由图 3-12 可观察出:椭圆关于x轴、y轴和原点都对称.坐标轴是椭圆的对称轴,坐标原点是椭圆的对称中心.椭圆的对称中心叫作**椭圆的中心**.

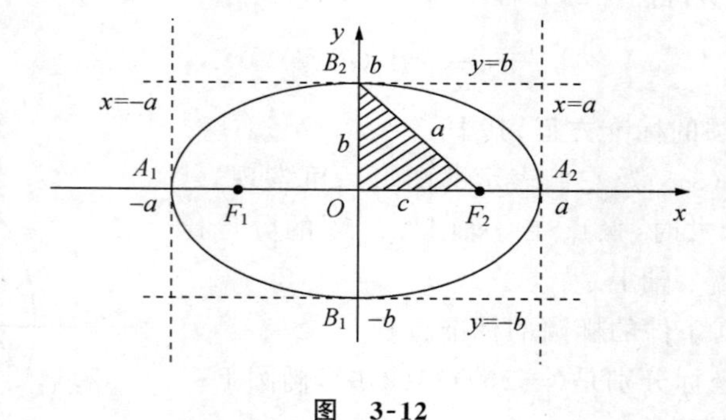

图 3-12

2.范围

由方程$\frac{x^2}{a^2}+\frac{y^2}{b^2}=1$可知,椭圆上点任意一点$M(x,y)$的坐标$x,y$都适合不等式

$$\frac{x^2}{a^2}\leqslant 1,\frac{y^2}{b^2}\leqslant 1,$$

即

$$|x|\leqslant a,|y|\leqslant b.$$

这说明椭圆位于直线 $x=\pm a$ 和 $y=\pm b$ 所围成的矩形里.

3. 顶点

在椭圆的标准方程里，令 $x=0$，得 $y=\pm b$，这说明 $B_1(0,-b)$、$B_2(0,b)$ 是椭圆与 y 轴的两个交点. 同理，令 $y=0$，得 $x=\pm a$，即 $A_1(-a,0)$、$A_2(a,0)$ 是椭圆与 x 轴的两个交点. 椭圆和它的对称轴的四个交点叫作**椭圆的顶点**.

线段 A_1A_2，B_1B_2 分别叫作**椭圆的长轴**和**短轴**，它们的长分别等于 $2a$，$2b$，a 和 b 分别叫作**椭圆的长半轴长**和**短半轴长**.

4. 离心率

椭圆的焦距与长轴的长之比，叫作**椭圆的离心率**，通常用 e 表示，即

$$e=\frac{2c}{2a}=\frac{c}{a}.$$

因为($a>c>0$)，所以 $0<e<1$，由 $b^2=a^2-c^2$ 可知，当 a 为定值时，c 越大，则 b 越小，离心率 e 就越接近于 1，此时椭圆就越扁；反之，c 越小，则 b 越大，离心率 e 就越接近于零，此时椭圆就越接近于圆.

例 2　求椭圆 $9x^2+25y^2=225$ 的长轴和短轴的长、焦点和顶点的坐标.

解　把已知方程化为标准方程，得

$$\frac{x^2}{5^2}+\frac{y^2}{3^2}=1,$$

这里 $a=5$，$b=3$，所以

$$c=\sqrt{a^2-b^2}=4,$$

因此，椭圆的长轴和短轴的长分别是 $2a=10$ 和 $2b=6$，两焦点分别是 $F_1(-4,0)$ 和 $F_2(4,0)$，椭圆的四个顶点是 $A_1(-5,0)$、$A_2(5,0)$、$B_1(0,-3)$、$B_2(0,3)$.

例 3　求适合下列条件的椭圆的标准方程：

(1) 焦点在 y 轴上，且长半轴长为 5，离心率为 $\frac{3}{5}$.

(2) 中心在原点，对称轴在坐标轴上，离心率为 $\frac{\sqrt{3}}{2}$，且过点 $M(2,0)$.

解　(1)椭圆焦点在 y 轴上，所以设椭圆标准方程为

$$\frac{x^2}{b^2}+\frac{y^2}{a^2}=1,$$

由已知条件，得

$$\begin{cases}a=5\\ \dfrac{c}{a}=\dfrac{3}{5}\\ a^2=b^2+c^2\end{cases},$$

解此方程组，得

$$a=5,b=4,$$

于是所求椭圆标准方程为

$$\frac{x^2}{4^2}+\frac{y^2}{5^2}=1.$$

(2) 由题设条件可知，椭圆的焦点既可以在 x 轴上，又可以在 y 轴上.

先设焦点在 x 轴上的椭圆标准方程为

$$\frac{x^2}{a^2}+\frac{y^2}{b^2}=1,$$

因为椭圆$\frac{x^2}{a^2}+\frac{y^2}{b^2}=1$过点 $M(2,0)$，所以

$$a^2=4,$$

于是

$$a=2,$$

又因为椭圆离心率为 $e=\frac{c}{a}=\frac{\sqrt{3}}{2}$，从而

$$c=\sqrt{3},$$

所以

$$b^2=a^2-c^2=1,$$

故焦点在 x 轴上的椭圆标准方程为

$$\frac{x^2}{4}+y^2=1,$$

同理，可求得焦点在 y 轴上的椭圆标准方程为

$$\frac{x^2}{4}+\frac{y^2}{16}=1.$$

例 4 我国发射的第一颗人造地球卫星的运行轨道，是以地心（地球中心）F_2 为一个焦点的椭圆，已知它的近地点 A 距地面 439 km，远地点 B 距地面 2 384 km，并且 F_2、A、B 在同一直线上，地球半径约为 6 371 km，求卫星运行的轨道方程（精确到 1 km）.

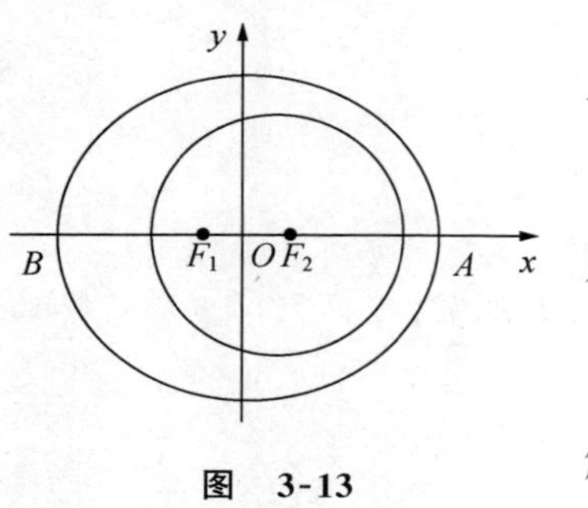

图 3-13

解 如图 3-13 所示，建立直角坐标系，使 A、B、F_2 在 x 轴上，F_2 为椭圆的右焦点，设它的标准方程为

$$\frac{x^2}{a^2}+\frac{y^2}{b^2}=1\ (a>b>0),$$

则

$$a-c=|OA|-|OF_2|=|F_2A|=6\,371+439=6\,810,$$
$$a+c=|OB|+|OF_2|=|F_2B|=6\,371+2\,384=8\,755,$$

解得

$$a=7\,782.5, c=972.5,$$

所以

$$b=\sqrt{a^2-c^2}=\sqrt{(a+c)(a-c)}=\sqrt{8\,755\times6\,810}\approx7\,722,$$

因此，卫星的轨道方程是

$$\frac{x^2}{7\,783^2}+\frac{y^2}{7\,722^2}=1.$$

习 题 3-3

1. 填空题：

(1) 椭圆$\frac{x^2}{8}+\frac{y^2}{16}=1$的长轴长是________，短轴长是________，焦点坐标是________.

(2) 如果椭圆的焦点为$(0,\pm3)$，长轴长是10，那么短轴长是________，该椭圆的标准方程是________.

(3) 椭圆$\frac{x^2}{16}+\frac{y^2}{9}=1$中，$a=$________，$b=$________，$c=$________. 焦点坐标为________.

2. 求下列椭圆的长轴、短轴的长及顶点和焦点的坐标：

(1) $9x^2+25y^2=225$；　　(2) $2x^2+y^2=1$.

3. 椭圆的两个顶点坐标为$(\pm4,0)$，焦点坐标为$(\pm2,0)$，求它的标准方程.

4. 椭圆的中心在原点，焦点在y轴上，焦距为8，$2a=10$，求椭圆的标准方程.

5. 椭圆的中心在原点，一个顶点和一个焦点分别是直线$x+3y-6=0$与两坐标轴的交点，求椭圆的标准方程，并作图.

6. 椭圆的中心在原点，焦点在x轴上，经过点$M_1(6,4)$和$M_2(8,-3)$，求椭圆的标准方程.

7. 一条直线经过椭圆$9x^2+25y^2=225$左焦点和圆$x^2+y^2-2y-3=0$的圆心，求该直线的方程.

8. 一个圆的圆心在椭圆$16x^2+25y^2=400$的右焦点上，并且通过椭圆在y轴上的顶点，求圆的方程.

9. 已知椭圆的中心在原点，焦点在x轴上，离心率$e=\frac{1}{3}$，又知椭圆上有一点M，它的横坐标等于右焦点的横坐标，而纵坐标等于4，求椭圆的标准方程，并画图.

10. 已知椭圆的焦点与长轴的和为32，离心率$e=\frac{3}{5}$，求椭圆的标准方程，并作图.

11. 椭圆的中心在原点，焦点在y轴上，焦距等于8，长半轴与短半轴的和等于8，求椭圆的标准方程.

12. 椭圆的中心在原点，对称轴重合于坐标轴，长轴为短轴的3倍，并经过点$A(3,0)$，求椭圆的标准方程.

13. 一动点到定点$A(3,0)$的距离和它到直线$x-12=0$的距离的比为$\frac{1}{2}$，求动点的轨迹方程.

14. 已知地球运行的轨道是长半轴长$a=1.5\times10^8$ km，离心率$e=0.0192$的椭圆，且太阳在这个椭圆的一个焦点上，求地球到太阳的最大和最小距离.

第四节　双　曲　线

一、双曲线的定义和标准方程

我们已经知道，与两个定点的距离的和为常数的点的轨迹是椭圆，那么与两个定点距离的差为非零常数的点的轨迹是怎样的曲线呢？

如图3-14所示，取一条拉链，先拉开一部分，分成两支，把一支剪断，把短的一支的端点固定在板上的点F_2处，长的一支的端点固定在平板上的F_1处，把笔尖放在拉链的开关M处，随着拉链逐渐拉开或闭拢，笔尖就画出一支曲线(图3-14中右边的曲线). 交换两支拉链端点的位置，就得到另一支曲线(图3-14中左边的曲线). 这两条曲线合起来叫作双曲线，每一条叫作双曲线的一支.

我们把平面内与两个定点F_1、F_2的距离的差的绝对值等于常数(小于$|F_1F_2|$且不等于零)的点的轨迹叫作**双曲线**，这两个定点叫作**双曲线的焦点**，两焦点间的距离叫作**双曲线的焦距**.

我们可以仿照求椭圆的标准方程的方法，求双曲线的标准方程.

以经过两焦点 F_1 和 F_2 的直线为 x 轴，线段 F_1F_2 的中点为原点，建立直角坐标系 xOy（如图 3-15 所示），设两焦点间距离为 $|F_1F_2|=2c(c>0)$，那么焦点 F_1，F_2 的坐标分别为 $(-c,0)$，$(c,0)$.

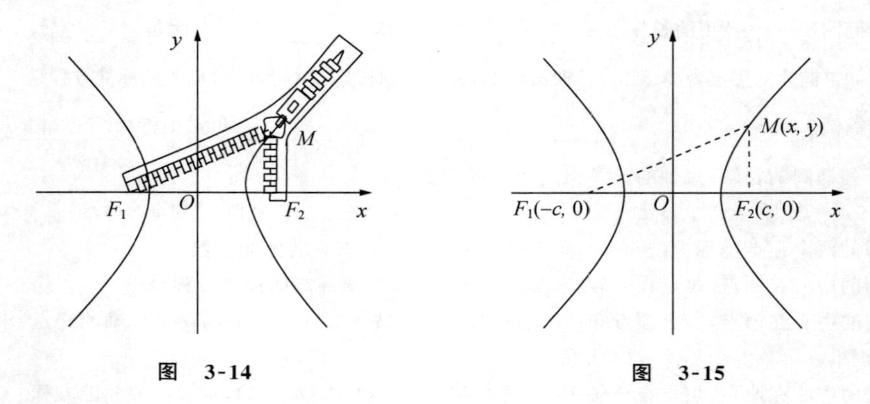

图 3-14　　图 3-15

设 $M(x,y)$ 为双曲线上任意一点，动点 M 到两焦点 F_1、F_2 的距离之差的绝对值等于常数 $2a\ (a>0)$，那么根据双曲线的定义，得

$$|MF_1|-|MF_2|=\pm 2a,$$

根据两点间的距离公式，得

$$\sqrt{(x+c)^2+y^2}-\sqrt{(x-c)^2+y^2}=\pm 2a,$$

移项，得

$$\sqrt{(x+c)^2+y^2}=\pm 2a+\sqrt{(x-c)^2+y^2},$$

两边平方，得

$$(x+c)^2+y^2=4a^2\pm 4a\sqrt{(x-c)^2+y^2}+(x-c)^2+y^2,$$

化简，得

$$\pm a\sqrt{(x-c)^2+y^2}=a^2-cx,$$

两边平方，得

$$a^2[(x-c)^2+y^2]=a^4-2a^2cx+c^2x^2,$$

整理，得

$$(c^2-a^2)x^2-a^2y^2=a^2(c^2-a^2).$$

由双曲线定义可知，$2c>2a>0$，即 $c>a>0$，所以 $c^2-a^2>0$，令 $c^2-a^2=b^2$（其中 $b>0$），代入上式得

$$b^2x^2-a^2y^2=a^2b^2,$$

两边同除以 a^2b^2，得

$$\frac{x^2}{a^2}-\frac{y^2}{b^2}=1\ (a>0,b>0). \tag{3-6}$$

这个方程叫作**双曲线的标准方程**，焦点坐标为 $F_1(-c,0)$，$F_2(c,0)$，且 $c^2=a^2+b^2$.

若双曲线的焦点在 y 轴上，即焦点坐标为 $F_1(0,-c)$，$F_2(0,c)$，用类似的方法可得到它的方程为

$$\frac{y^2}{a^2}-\frac{x^2}{b^2}=1\ (a>0,b>0). \tag{3-7}$$

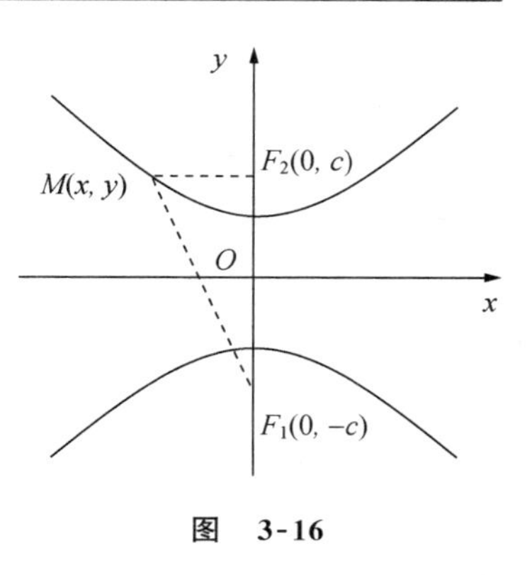

图　3-16

这是焦点在 y 轴上的双曲线的标准方程，a,b,c 仍满足 $c^2=a^2+b^2$（如图 3-16 所示）.

比较方程(3-6)和(3-7)及它们表示的图形后可发现，x^2 项符号为正时，焦点在 x 轴上；y^2 项符号为正时，焦点在 y 轴上.

例 1　已知双曲线的焦点在 x 轴上，两个焦点 F_1、F_2 之间的距离为 26，双曲线上一点到两焦点的距离之差的绝对值为 24，求双曲线的标准方程.

解　因为双曲线的焦点在 x 轴上，所以设它的标准方程为

$$\frac{x^2}{a^2}-\frac{y^2}{b^2}=1\ (a>0,b>0),$$

由已知 $2c=26,2a=24$，得

$$a=12,c=13,$$

所以

$$b^2=c^2-a^2=25,$$

因此所求双曲线的标准方程为

$$\frac{x^2}{144}-\frac{y^2}{25}=1.$$

例 2　求与双曲线$\frac{x^2}{16}-\frac{y^2}{4}=1$有公共焦点，且过点 $M(3\sqrt{2},2)$的双曲线的标准方程.

解　根据题意设双曲线的标准方程为

$$\frac{x^2}{16-k}-\frac{y^2}{4+k}=1.$$

将点 $M(3\sqrt{2},2)$代入上式，得

$$k=4,$$

故双曲线的标准方程是

$$\frac{x^2}{12}-\frac{y^2}{8}=1.$$

例 3　一炮弹在某处爆炸，在 A 处听到爆炸声的时间比在 B 处晚 2 s，

(1) 爆炸点应在什么样的曲线上？

(2) 已知 A、B 两地相距 800 m，并且此时声速为 340 m/s，求曲线的方程.

解　(1) 由声速及 A、B 两处听到爆炸声的时间差，可知 A、B 两处与爆炸点的距离的差为一个常数，因此爆炸点应位于以 A、B 为焦点的双曲线上.

因为爆炸点离 A 处比离 B 处更远，所以爆炸点应在靠近 B 处的一支上.

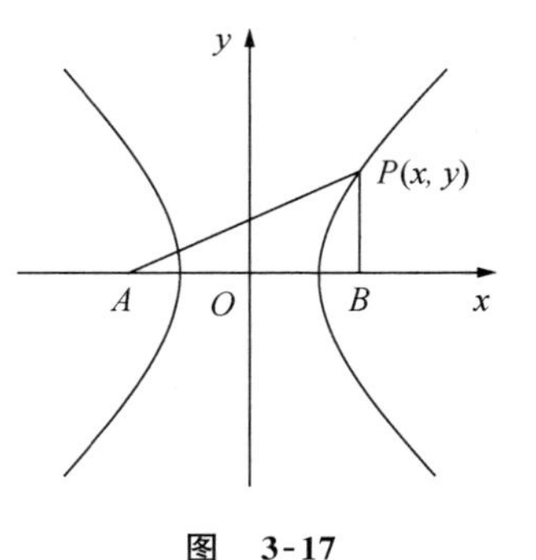

图　3-17

(2) 如图 3-17 所示，建立直角坐标系 xOy，使 A、B 两点在 x 轴上，并且原点为线段 AB 的中点. 设爆炸点 P 的坐标为(x,y)，则

$$|PA|-|PB|=340\times2=680,$$

即

$$2a=680,\ a=340,$$

又

$$|AB|=800,$$

所以

$$2c=800,\ c=400,$$
$$b^2=c^2-a^2=400^2-340^2=44\,400,$$

因为

$$|PA|-|PB|=680>0,$$

所以

$$x>0,$$

所求双曲线方程为

$$\frac{x^2}{115\,600}-\frac{y^2}{44\,400}=1\ (x>0).$$

上例说明，利用两个不同的观测点测得炮弹爆炸的时间差，可以确定爆炸点所在的曲线的方程，但不能确定爆炸点的准确位置，如果再增设一个观测点 C，利用 B、C（或 A、C）两处测得的爆炸声的时间差，可以求出另一个双曲线的方程，解这两个方程组成的方程组，就能确定爆炸点的准确位置，这是双曲线的一个重要应用.

想一想：如果 A、B 两处同时听到爆炸声，那么爆炸点应在什么曲线上？

二、双曲线的性质

下面我们以焦点在 x 轴上的双曲线$\frac{x^2}{a^2}-\frac{y^2}{b^2}=1\ (a>0,b>0)$为例，来研究双曲线的图像主要性质，对于焦点在 y 轴上的双曲线$\frac{y^2}{a^2}-\frac{x^2}{b^2}=1\ (a>0,b>0)$的图像主要性质，类似可得.

1. 对称性

由图 3-18 可观察出：双曲线关于两个坐标轴和原点都是对称的，这时，坐标轴是双曲线的对称轴，坐标原点是双曲线的对称中心，双曲线的对称中心叫作**双曲线的中心**.

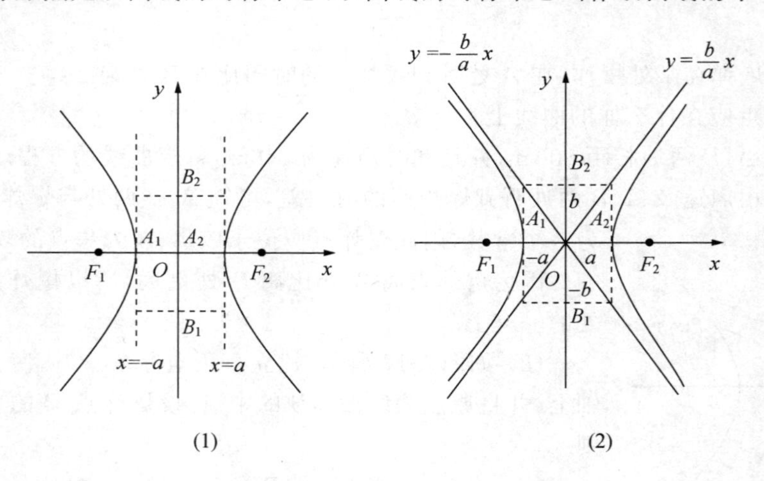

图 3-18

2. 范围

由双曲线的标准方程$\frac{x^2}{a^2}-\frac{y^2}{b^2}=1\ (a>0,b>0)$可知，双曲线上点$(x,y)$的坐标$x,y$都适合不等式$\frac{x^2}{a^2}\geqslant 1$，即$x^2\geqslant a^2$，得$x\leqslant -a$或$x\geqslant a$. 可见，双曲线的一支在直线$x=-a$的左边，另一支在直线$x=a$的右边，而在直线$x=-a$和$x=a$之间，没有双曲线的点(如图3-18(1)所示).

3. 顶点

在双曲线的标准方程$\frac{x^2}{a^2}-\frac{y^2}{b^2}=1\ (a>0,b>0)$里，令$y=0$，得$x=\pm a$，因此，双曲线和$x$轴有两个交点$A_1(-a,0)$，$A_2(a,0)$. 双曲线和它的对称轴的两个交点称为**双曲线的顶点**，线段A_1A_2叫作**双曲线的实轴**，它的长等于$2a$，a叫作双曲线的**实半轴的长**(如图3-18(2)所示).

令$x=0$，得$y^2=-b^2$，这个方程没有实数根，说明双曲线和y轴没有交点，在y轴上取点$B_1(0,-b)$，$B_2(0,b)$，线段B_1B_2叫作**双曲线的虚轴**，它的长等于$2b$，b叫作双曲线的**虚半轴的长**(如图3-18 (2)所示).

4. 离心率

双曲线的焦距与实轴的长之比，即$e=\frac{2c}{2a}=\frac{c}{a}$，叫作**双曲线的离心率**.

因为$c>a>0$，所以双曲线的离心率$e>1$.

5. 渐近线

经过点A_1、A_2作y轴的平行线$x=\pm a$，经过点B_1、B_2作x轴的平行线$y=\pm b$，四条直线围成一个矩形，矩形的两条对角线所在的直线的方程是$y=\pm\frac{b}{a}x$(如图3-18(2)所示). 从图3-18(2)可以看出，双曲线$\frac{x^2}{a^2}-\frac{y^2}{b^2}=1$的各支向外延伸时，与这两条直线逐渐接近.

两条直线$y=\pm\frac{b}{a}x$叫作双曲线$\frac{x^2}{a^2}-\frac{y^2}{b^2}=1\ (a>0,b>0)$的**渐近线**.

例 4　求双曲线$\frac{x^2}{4}-\frac{y^2}{3}=1$的实轴的长和虚轴的长，焦点坐标、离心率和渐近线方程.

解　由题可知，实半轴长$a=2$，虚半轴长$b=\sqrt{3}$，所以实轴长$2a=4$，虚轴长$2b=2\sqrt{3}$，于是

$$c=\sqrt{a^2+b^2}=\sqrt{4+3}=\sqrt{7},$$

焦点在x轴上，焦点坐标为$F_1(-\sqrt{7},0)$，$F_2(\sqrt{7},0)$，

离心率为

$$e=\frac{c}{a}=\frac{\sqrt{7}}{2},$$

渐近线方程为

$$y=\pm\frac{\sqrt{3}}{2}x.$$

例 5　设双曲线$\frac{x^2}{a^2}-\frac{y^2}{9}=1\ (a>0\ )$的渐近线方程为$3x\pm 2y=0$，求$a$的值.

解 因双曲线$\frac{x^2}{a^2}-\frac{y^2}{9}=1$（$a>0$）的渐近线方程为

$$y=\pm\frac{3}{a}x,$$

比较渐近线方程$3x\pm 2y=0$，可得

$$a=2.$$

例 6 已知双曲线的中心在原点，焦点在x轴上，焦距为16，离心率为$\frac{4}{3}$，求双曲线的标准方程.

解 设所求双曲线的标准方程为

$$\frac{x^2}{a^2}-\frac{y^2}{b^2}=1.$$

由已知条件，得

$$\begin{cases}2c=16\\ \dfrac{c}{a}=\dfrac{4}{3}\\ c^2=a^2+b^2\end{cases},$$

解方程组，得

$$a^2=36,b^2=28,$$

所求双曲线的标准方程为

$$\frac{x^2}{36}-\frac{y^2}{28}=1.$$

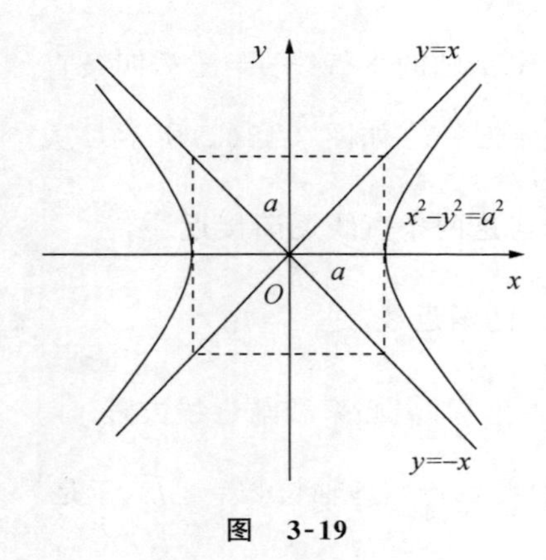

图 3-19

在双曲线$\frac{x^2}{a^2}-\frac{y^2}{b^2}=1$中，如果$a=b$，那么双曲线的方程为$x^2-y^2=a^2$，它的实轴和虚轴的长都等于$2a$，我们把实轴和虚轴的长相等的双曲线，叫作**等轴双曲线**. 这时，因为$a=b$，双曲线的渐近线方程为

$$y=\pm x.$$

由于渐近线$y=\pm x$是直线$x=\pm a$和$y=\pm a$所围成正方形的对角线所在的直线，所以等轴双曲线$x^2-y^2=a^2$的两条渐近线是互相垂直的（如图3-19所示）.

类似地，由双曲线$\frac{y^2}{a^2}-\frac{x^2}{b^2}=1$，当$a=b$时，得

$$y^2-x^2=a^2$$

它也是等轴双曲线，只是它的实轴在y轴上，虚轴在x轴上.

习 题 3-4

1. 求适合下列条件的双曲线的标准方程：

(1) 实轴长为6，虚轴长为8；

(2) $a=2\sqrt{5}$，经过点$A(-5,2)$，焦点在x轴上；

(3) 焦点坐标为$F(\pm 4,0)$，实轴长为6；

(4) 顶点为$A(\pm 2,0)$，焦点为$F(\pm 2\sqrt{2},0)$.

2. 求下列双曲线的实轴、虚轴的长，顶点、焦点坐标、离心率和渐近线方程：

(1) $25x^2-4y^2=100$；　　(2) $x^2-2y^2=1$；

(3) $4y^2-9x^2=36$.

3. 等轴双曲线的中心在原点，实轴在 x 轴上，并经过点$(3,-1)$，求它的标准方程.

4. 已知双曲线的虚轴长为12，焦距为实轴长的2倍，求双曲线的标准方程.

5. 求渐近线为 $y=\pm\frac{3}{5}x$，焦点坐标为$(\pm2,0)$的双曲线的标准方程，并作图.

6. 求渐近线为 $y=\pm\frac{3}{4}x$，并经过点$(2,0)$的双曲线的标准方程，并作图.

7. 根据下列条件判断方程$\frac{x^2}{9-k}+\frac{y^2}{4-k}$表示什么曲线？

(1) $k<4$，　　(2) $4<k<9$.

8. 双曲线型自然通风塔的外形，是双曲线的一部分绕其虚轴旋转所成的曲面，它的最小半径为12 m，上口半径为13 m，下口半径为25 m，高为55 m，选择适当的坐标系，求出双曲线的标准方程(精确到1 m).

第五节　抛　物　线

一、抛物线的定义和标准方程

把一根直尺固定在图板上直线 l 的位置(如图3-20所示)，把一块三角尺的一条直角边紧靠在直尺的边缘，再把一条细绳的一端固定在三角尺的另一个顶点 A 处，取绳长等于点 A 到直角顶点 C 的长(即点 A 到直线 l 的距离)，并且把绳子的另一端固定在图板上的一点 F，用铅笔尖扣着绳子，使点 A 到笔尖的一段绳子紧靠着三角尺，然后将三角尺沿着直尺上下滑动，笔尖就在图板上画出一条曲线.

从图3-21可以看出，这条曲线上任意一点 M 到点 F 的距离与它到直线 l 的距离相等，这条曲线就是我们常见的抛物线.

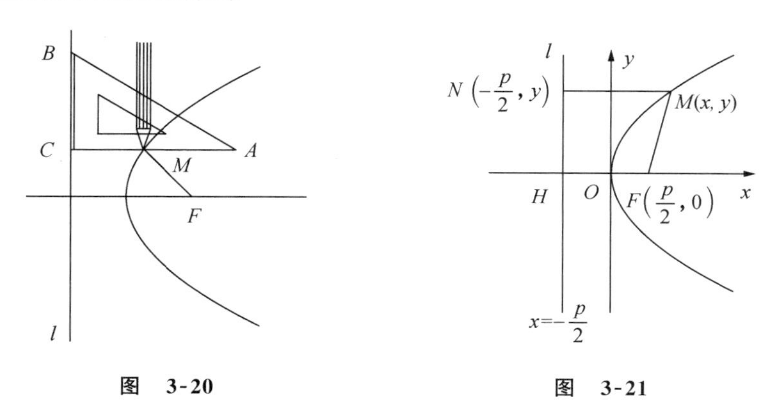

图　3-20　　图　3-21

平面内与一个定点 F 和一条定直线 l 的距离相等的点的轨迹叫作**抛物线**，定点 F 叫作**抛物线的焦点**，定直线 l 叫作**抛物线的准线**.

下面我们根据抛物线的定义，来求抛物线的标准方程.

如图3-21所示，取过点 F 且垂直于 l 的直线为 x 轴，垂足为 H，线段 HF 的中点为原点，建立直角坐标系 xOy.

设 $|HF|=p\ (p>0)$，那么焦点 F 的坐标为 $\left(\frac{p}{2},0\right)$，准线 l 的方程为 $x=-\frac{p}{2}$.

设点 $M(x,y)$ 是抛物线上任意一点，作 $MN\perp l$，垂足为 N，则 N 点的坐标为 $\left(-\frac{p}{2},y\right)$，由抛物线的定义，知

$$|MF|=|MN|,$$

根据两点间的距离公式，得

$$\sqrt{\left(x-\frac{p}{2}\right)^2+y^2}=\sqrt{\left(x+\frac{p}{2}\right)^2},$$

上式两边平方，得

$$x^2-px+\frac{p^2}{4}+y^2=x^2+px+\frac{p^2}{4},$$

化简，得

$$y^2=2px\ (p>0). \tag{3-8}$$

这个方程叫作**抛物线的标准方程**，它表示的抛物线的焦点在 x 轴的正半轴上，坐标是 $\left(\frac{p}{2},0\right)$，它的准线方程是 $x=-\frac{p}{2}$.

类似地，若把抛物线的焦点选择在 x 轴的负半轴、y 轴的正半轴或 y 轴的负半轴上，还可得出如下三种形式的标准方程：

$$y^2=-2px\ (p>0),$$
$$x^2=2py\ (p>0),$$
$$x^2=-2py\ (p>0).$$

这四种抛物线的标准方程、焦点坐标、准线方程以及图形见下表：

方　程	焦　点	准　线	图　形
$y^2=2px$ $(p>0)$	$F\left(\frac{p}{2},0\right)$	$x=-\frac{p}{2}$	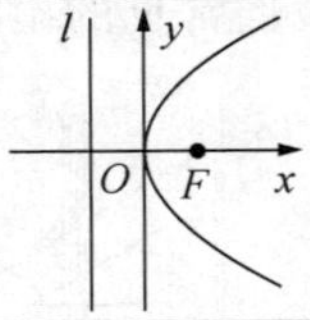 l y O F x
$y^2=-2px$ $(p>0)$	$F\left(-\frac{p}{2},0\right)$	$x=\frac{p}{2}$	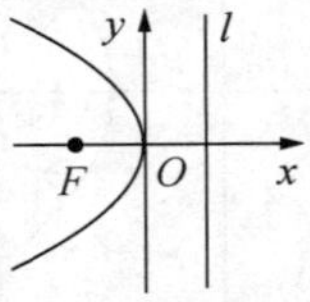 y l F O x
$x^2=2py$ $(p>0)$	$F\left(0,\frac{p}{2}\right)$	$y=-\frac{p}{2}$	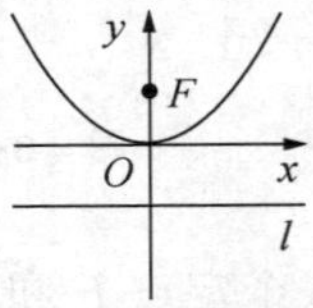 y F O x l
$x^2=-2py$ $(p>0)$	$F\left(0,-\frac{p}{2}\right)$	$y=\frac{p}{2}$	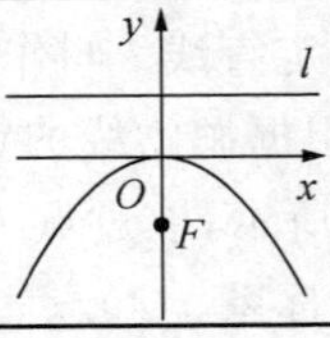 y l O x F

观察抛物线的四种标准方程及其表示的曲线，我们可以发现焦点所在的坐标轴与一次项的未知量同名；一次项的符号与焦点所在半轴的符号同号.

例 1　(1) 求抛物线 $y^2=-4x$ 的焦点坐标和准线方程；

(2) 已知抛物线的焦点坐标是 $F(0,4)$，求它的标准方程.

解　(1) 由抛物线 $y^2=-4x$ 知 $2p=4$，于是

$$p=2,$$

因为抛物线 $y^2=-4x$ 的焦点在 x 轴的负半轴上，所以它的焦点坐标是 $(-1,0)$，准线方程是 $x=1$.

(2) 因为抛物线的焦点 $F(0,4)$ 在 y 轴的正半轴上，并且 $\frac{p}{2}=4$，于是

$$p=8,$$

所以所求抛物线的标准方程是 $x^2=16y$.

二、抛物线的性质

我们根据抛物线的标准方程

$$y^2=2px\ (p>0) \tag{1}$$

来研究它的几何性质.

1. 对称性

由图 3-23 观察出：抛物线关于 x 轴对称，抛物线的对称轴叫作**抛物线的轴**.

2. 范围

因为 $p>0$，由方程(1)可知，这条抛物线上的点 M 的坐标 (x,y) 满足不等式 $x\geqslant 0$. 所以这条抛物线在 y 轴的右侧，当 x 的值增大时，$|y|$ 也增大，这说明抛物线向右上方和右下方无限延伸，开口向右.

3. 顶点

抛物线和它的轴的交点叫作**抛物线的顶点**．在方程(1)中，当 $y=0$ 时，$x=0$，因此，抛物线(1)的顶点就是坐标原点.

类似地，可以知道：

抛物线 $y^2=-2px\ (p>0)$ 关于 x 轴对称，顶点在原点，图像在 y 轴左侧，开口向左.

抛物线 $x^2=2py\ (p>0)$ 关于 y 轴对称，顶点在原点，图像在 x 轴的上方，开口向上.

抛物线 $x^2=-2py\ (p>0)$ 关于 y 轴对称，顶点在原点，图像在 x 轴下方，开口向下.

例 2　求以坐标原点为顶点，对称轴为坐标轴，并且经过点 $M(-3,-6)$ 的抛物线的标准方程.

解　因为抛物线顶点在原点，对称轴为坐标轴，经过点 $M(-3,-6)$ 在第Ⅲ象限，所以它的对称轴可能是 x 轴，也可能是 y 轴，开口向左或开口向下.

(1) 当抛物线开口向左时，抛物线的焦点在 x 轴的负半轴上，可设抛物线的方程为

$$y^2=-2px(p>0),$$

所以

$$(-6)^2=-2p(-3),$$

即

$$p=6,$$

于是所求抛物线的标准方程为

$$y^2=-12x.$$

（2）当抛物线开口向下时，抛物线的焦点在 y 轴的负半轴上，可设抛物线的方程为

$$x^2=-2py(p>0),$$

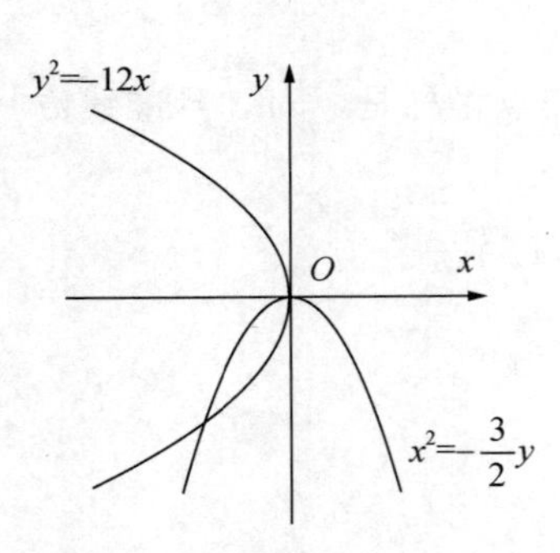

图 3-22

所以

$$(-3)^2=-2p(-6),$$

即

$$p=\frac{3}{4},$$

于是所求抛物线的标准方程为

$$x^2=-\frac{3}{2}y.$$

故所求抛物线的方程为 $y^2=-12x$ 或 $x^2=-\frac{3}{2}y$（如图 3-22 所示）.

例 3 图 3-23(1)是抛物线形拱的截面，当水面位于 l 时，拱顶离水面 3 m，水面宽 6 m，问水面下降 2 m 后水面宽多少？

解 以抛物线的顶点为原点，对称轴为 y 轴建立直角坐标系（如图 3-23(2)所示)，则该开口向下的抛物线方程可设为 $x^2=-2py(p>0)$，由题意知，点(3,−3)在抛物线上，则

$$3^2=-2p\times(-3)\ (p>0),$$

解之，得

$$p=\frac{3}{2}$$

于是抛物线方程为

$$x^2=-3y$$

水面下降 2 m，即纵坐标变为−5，将 $y=-5$ 代入抛物线方程，有

$$x^2=-3\times(-5)，得\ x_1\approx3.9,x_2\approx-3.9$$

则此时水面宽为

$$x_1-x_2\approx3.9-(-3.9)=7.8(\text{m})$$

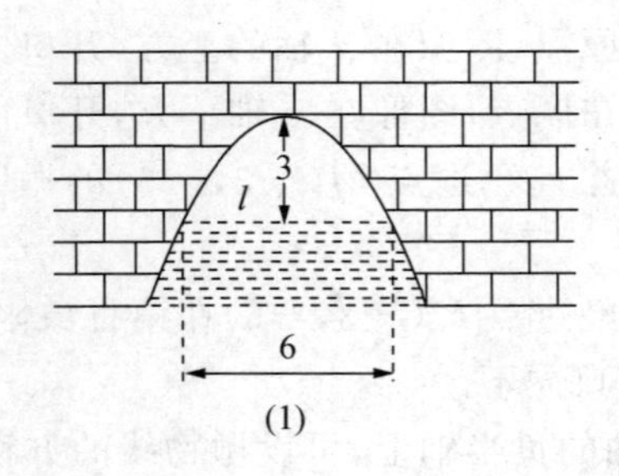

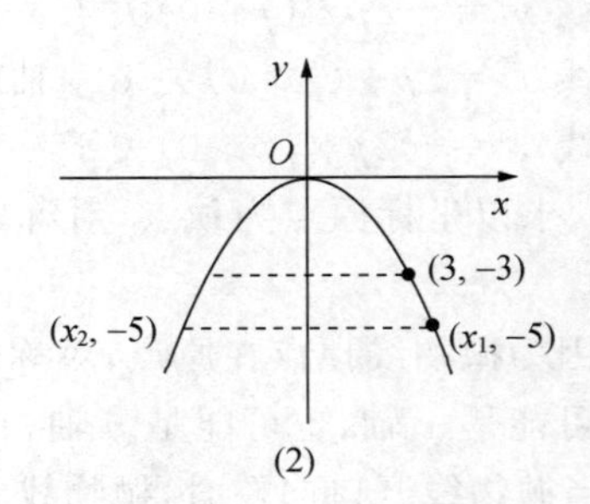

图 3-23

习 题 3-5

1. 求下列抛物线的焦点坐标、准线方程、对称轴和开口方向.

(1) $3x+y^2=0$；　　(2) $x^2=\frac{3}{2}y$；

(3) $x^2=16y$；　　(4) $y^2=-4x$.

2. 根据下列条件,求抛物线的标准方程.

(1) 对称轴重合于 x 轴,顶点在原点,并且经过点$(-2,4)$；

(2) 对称轴重合于 x 轴,顶点在原点,并且经过点$(-6,-3)$；

(3) 顶点在原点,准线为 $x=3$；

(4) 焦点为$\left(0,-\frac{1}{2}\right)$,准线为 $y=\frac{1}{2}$.

3. 已知两抛物线的顶点都在原点,而焦点分别为$(2,0)$和$(0,2)$,求它们的交点.

4. 在抛物线 $y^2=4x$ 上求一点 M,使它到焦点的距离等于10.

5. 如图所示,探照灯反射镜的轴截面是抛物线的一部分,光源位于抛物线的焦点处,已知灯口圆的直径是16 cm,灯深8 cm,求抛物线的标准方程和焦点位置.

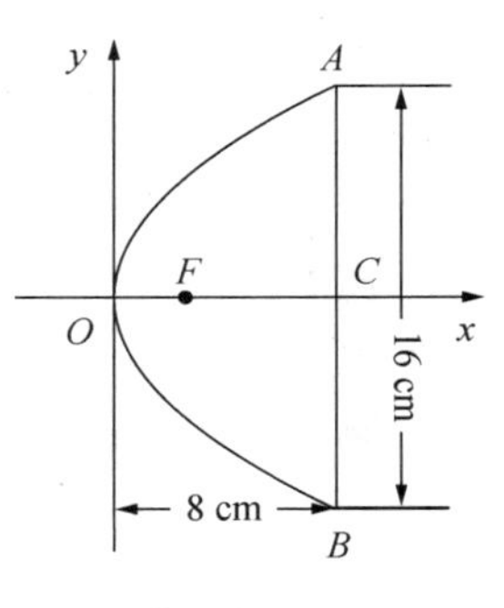

第 5 题图

6. 经过抛物线 $y^2=2px$ 的焦点 F,作一条直线垂直于它的对称轴,且和抛物线相交于 P_1、P_2 两点,求线段 P_1P_2 的长.

7. 抛物线的顶点是双曲线 $16x^2-9y^2=144$ 的中心,而焦点是双曲线的右顶点,求抛物线的方程.

*第六节　坐标轴的平移

一、坐标轴平移公式

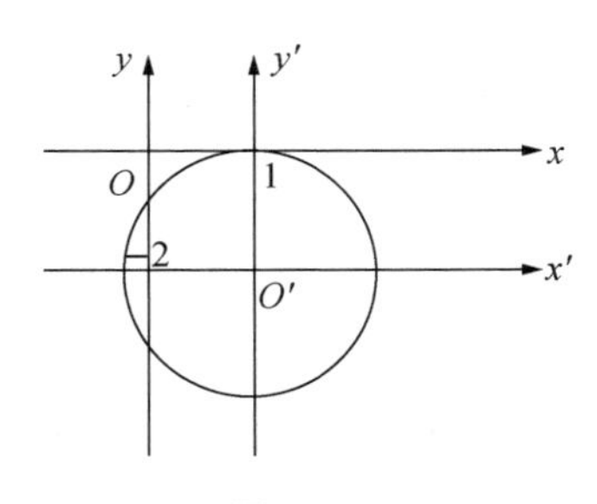

图　3-24

我们知道,点的坐标、曲线的方程都和坐标系的选择有关,在不同的坐标系中,同一个点有不同的坐标,同一条曲线有不同的方程.例如,在图3-24中,圆 O'的圆心 O'点,在坐标系 xOy 中的坐标是$(1,-2)$,圆 O'的方程是$(x-1)^2+(y+2)^2=2^2$,如果取坐标系 $x'O'y'$(其中 $O'x'\parallel Ox$,$O'y'\parallel Oy$),那么在这个坐标系中,圆心 O'的坐标就变成了$(0,0)$,圆 O'的方程就变成了 $x'^2+y'^2=2^2$.

由这个例子看出,把一个坐标系变换为另一个适当的坐标系,可以使曲线的方程简化,在科学研究中,常利用坐标轴位置的平移,来简化曲线的方程,便于研究曲线的性质.

坐标轴的方向和长度单位都不改变,只改变原点的位置,这种坐标系的变换叫作**坐标轴的平移**,简称**平移**.

下面研究在平移情况下,同一个点在两个不同的坐标系中坐标之间的关系.

设点 O'在原坐标系 xOy 中的坐标为(h,k).以 O'为原点平移坐标轴,建立新坐标系 $x'O'y'$,设平面内任一点 M 在原坐标系中的坐标为(x,y),在新坐标系中的坐标为(x',y'),点 M 到 x 轴、y 轴的垂线的垂足分别为 M_1、M_2.

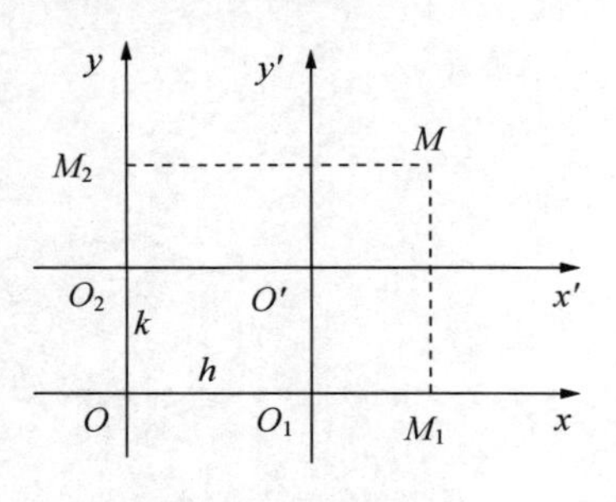

图 3-25

从图 3-25 可以看出：

$$x=OO_1+O_1M_1=h+x',$$

$$y=OO_2+O_2M_2=k+y',$$

因此，点 M 的原坐标、新坐标之间有下面的关系：

$$\begin{cases}x=x'+h\\y=y'+k\end{cases},\tag{3-9}$$

或者写成

$$\begin{cases}x'=x-h\\y'=y-k\end{cases}.\tag{3-10}$$

公式(3-9)、(3-10)叫作**坐标轴的平移公式**. 它们给出了同一点的新坐标和原坐标之间的关系. 利用这两个公式，可以变换点的坐标和方程的形式.

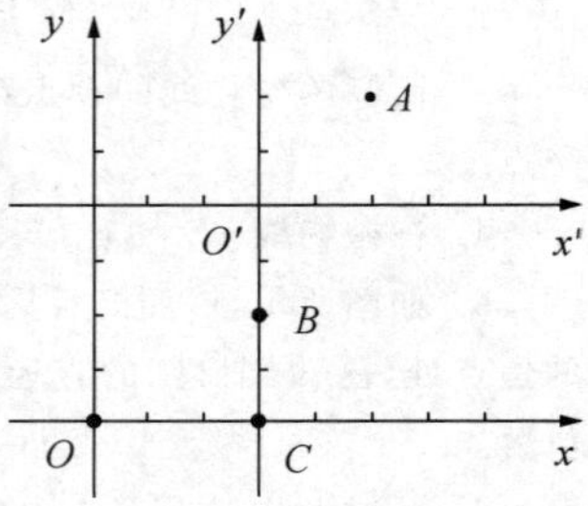

例 1 平移坐标轴，把原点移到 $O'(3,4)$(如图 3-26 所示)，求下列各点的新坐标：$O(0,0)$，$A(5,6)$，$B(3,2)$，$C(3,0)$.

图 3-26

解 把已知各点的原坐标分别代入

$$\begin{cases}x'=x-3\\y'=y-4\end{cases},$$

便得到它们的新坐标：

$$O(-3,-4),A(2,2),B(0,-2),C(0,-4).$$

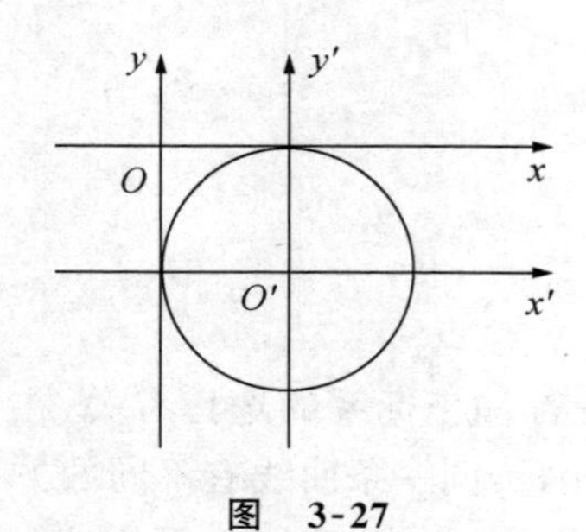

图 3-27

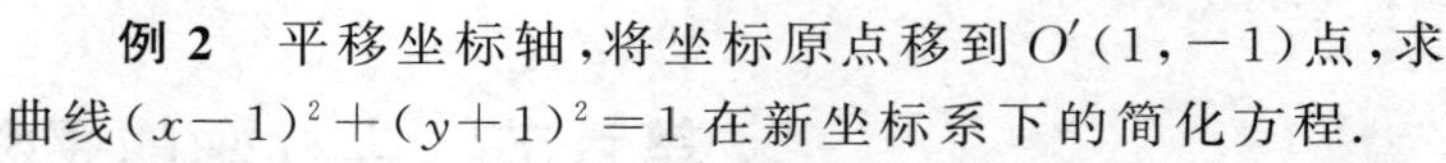

例 2 平移坐标轴，将坐标原点移到 $O'(1,-1)$点，求曲线 $(x-1)^2+(y+1)^2=1$ 在新坐标系下的简化方程.

解 设曲线上任意一点的原坐标为 (x,y)，新坐标为 (x',y')，根据题意，令

$$\begin{cases}x'=x-1\\y'=y+1\end{cases}.$$

将它们代入所给曲线的方程，就得到新简化方程

$$x'^2+y'^2=1\text{（如图 3-27 所示）}.$$

二、坐标轴平移公式的应用

从前面的例子可以看出，适当地平移坐标轴可以化简曲线的方程，现在，我们研究如何选择适当的新坐标系，利用坐标轴平移公式来化简方程.

先看下面的例子：

例 3 利用坐标轴的平移，化简方程 $4x^2+16y^2-32x-128y+256=0$，使新方程不含一次项.

解 将 $\begin{cases}x=x'+h\\y=y'+k\end{cases}$ 代入原方程，得

$$4(x'+h)^2+16(y'+k)^2-32(x'+h)-128(y'+k)+256=0,$$

即

$$4x'^2+16y'^2+8x'(h-4)+32y'(k-4)+4h^2+16k^2-32h-128k+256=0,$$

令 $h-4=0$，$k-4=0$，即 $h=4$，$k=4$，代入上面的方程，得

$$4x'^2+16y'^2=64,$$

所以原方程可化为

$$\frac{x'^2}{16}+\frac{y'^2}{4}=1.$$

它表示中心在原点 O'，焦点在 x' 轴上，长半轴长为 4，短半轴长为 2 的椭圆(如图 3-28 所示)。

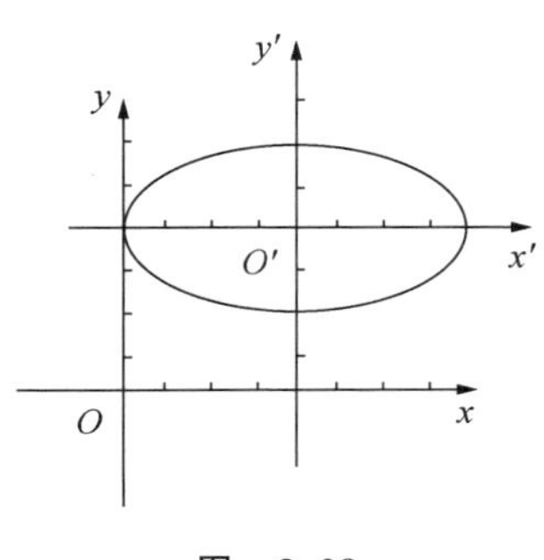

图　3-28

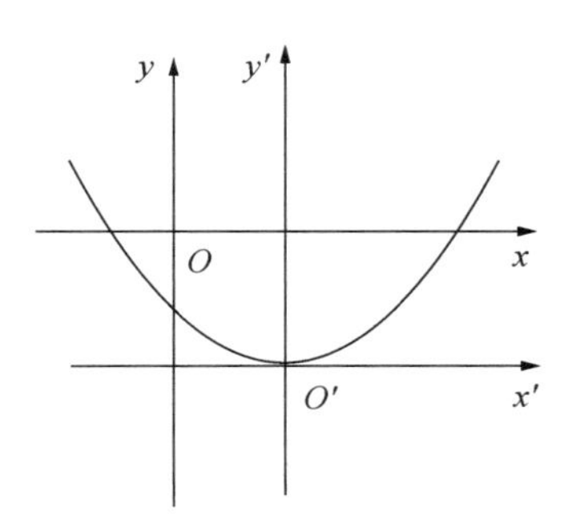

图　3-29

例 4　利用坐标轴的平移，化简方程 $x^2-4x-4y-8=0$，并作图.

解　把原方程按 x 配方，得

$$(x-2)^2=4(y+3)$$

令

$$\begin{cases}x'=x-2\\y'=y+3\end{cases},$$

代入配方后的方程，得

$$x'^2=4y'.$$

这就是说，当原点平移到 $O'(2,-3)$ 时，所给方程化为抛物线的标准方程，它的对称轴是 $x=2$，开口向上(如图 3-29 所示).

从上面的例子可以看到，二次方程 $Ax^2+Cy^2+Dx+Ey+F=0$(没有 xy 项)中，通过配方可以化简为下列形式之一：

(1) $\frac{(x-h)^2}{a^2}+\frac{(y-k)^2}{b^2}=1$ 或 $\frac{(x-h)^2}{b^2}+\frac{(y-k)^2}{a^2}=1$，当 $a>b>0$ 时，其图像是椭圆，它的中心是点 $O'(h,k)$，对称轴为 $x=h$ 和 $y=k$.

当 $a=b=r$ 时，方程表示圆心在 $O'(h,k)$，半径为 r 的圆，即

$$(x-h)^2+(y-k)^2=r^2.$$

(2) $\frac{(x-h)^2}{a^2}-\frac{(y-k)^2}{b^2}=1$ 或 $\frac{(y-k)^2}{a^2}-\frac{(x-h)^2}{b^2}=1$，其图像是双曲线，它的中心为点 $O'(h,k)$，对称轴为直线 $x=h$ 和 $y=k$.

(3) $(y-k)^2=\pm 2p(x-h)$，其图像是抛物线，它的顶点坐标为点 $O'(h,k)$，对称轴为直线 $y=k$.

(4) $(x-h)^2=\pm 2p(y-k)$，其图像是抛物线，它的顶点在点 $O'(h,k)$，对称轴为直线 $x=h$.

在上面的方程中，如果利用平移公式 $\begin{cases}x'=x-h\\y'=y-k\end{cases}$，通过平移坐标轴，把原点移到点 $O'(h,$

k)，上面的方程就可以化为椭圆(圆)、双曲线和抛物线在新坐标系中的标准方程.

*习 题 3-6

1. 平移坐标轴，使原点移到O'，求下列各方程的新方程，并作出方程的图像.

(1) $y=3, O'(-2,1)$；

(2) $3x-4y=6, O'(3,0)$；

(3) $x^2+y^2-6x-8y+9=0, O'(3,4)$；

(4) $x^2+2x-12y-47=0, O'(-1,-4)$；

(5) $4x^2+9y^2+16x-18y-11=0, O'(-2,1)$；

(6) $4x^2-y^2-24x+16y=0, O'(3,8)$.

2. 利用坐标轴平移公式化简下列方程，并画出图像.

(1) $x^2+y^2-2x+6y-6=0$；　　(2) $9x^2+4y^2-18x+16y-11=0$；

(3) $y^2+6y-8x+17=0$；　　(4) $x^2-4y^2-4x-24y-16=0$.

3. 利用配方法化下列方程为标准方程，并指出是什么曲线.

(1) $4x^2+9y^2+8y-36x+4=0$；　　(2) $9x^2-4y^2-54x-32y-19=0$；

(3) $x^2-8x-16y+32=0$.

4. 求符合下列条件的曲线的方程：

(1) 短轴两端点的坐标为$(-2,3)$，$(-2,-1)$，半焦距等于$\sqrt{5}$的椭圆；

(2) 实半轴长等于 2，焦点分别为$(2,2)$，$(2,-4)$的双曲线；

(3) 焦点在点$(2,-1)$，准线为 $y+4=0$ 的抛物线.

*第七节 极坐标与参数方程

一、极坐标

在直角坐标系中，可以通过有序实数对来确定平面内点的位置，但它并不是确定平面上点的位置的唯一方法，在某些实际问题中用这种方法并不方便，例如，炮兵射击时是以大炮为基点，利用目标的方位角及目标与大炮的距离来确定目标的位置的，在航空、航海中也常使用类似的方法，下面研究如何用角和距离来建立坐标系.

1. 极坐标系

在平面内取一个定点 O，从 O 点引一条射线 Ox，再取定一个单位长度并规定角度的正方向(通常取逆时针方向)，这样就建立了一个**极坐标系**(如图 3-30 所示)，点 O 叫作**极点**，射线 Ox 叫作**极轴**.

设 M 为平面内的任意一点，连接 OM，令 $OM=\rho$，θ 表示从 Ox 到 OM 的角度，ρ 叫作点 M 的**极径**，θ 叫作点 M 的**极角**，有序数对(ρ,θ)叫作点 M 的**极坐标**.

极点的极坐标是$(0,\theta)$，其中 θ 可以取任意值.

在极坐标系中，给定极坐标(ρ,θ)，就可以在平面内确定点的位置，如在极坐标系中，坐标分别为$(4,0)$、$\left(2,\frac{\pi}{4}\right)$、$\left(3,\frac{\pi}{2}\right)$、$\left(2,\frac{5\pi}{6}\right)$、$(3,\pi)$、$\left(4,\frac{7\pi}{4}\right)$的点 A、B、C、D、E、F 的位置如图 3-31 所示.

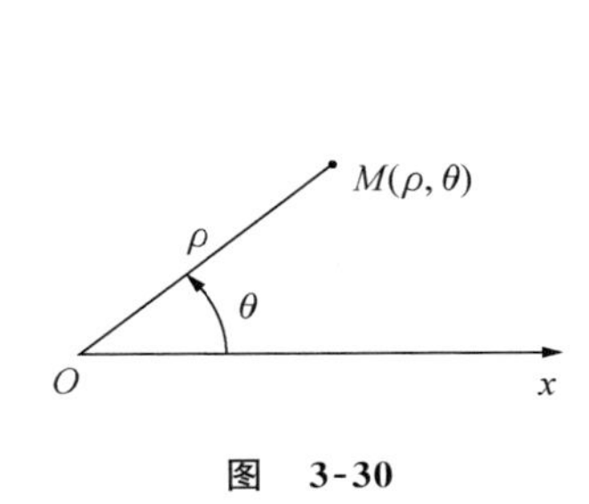

图　3-30

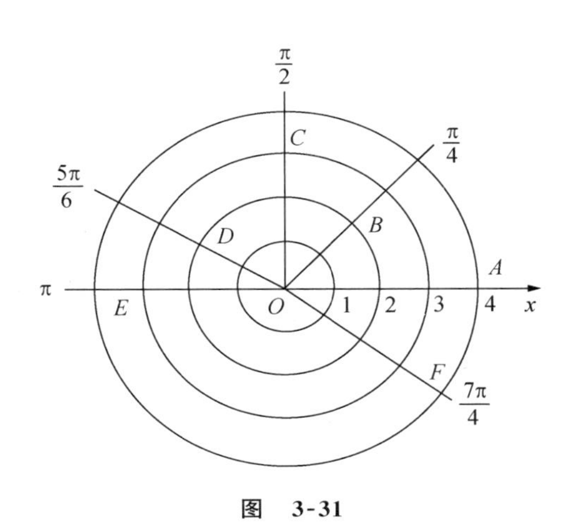

图　3-31

反之，给定平面内的一个点，由于终边相同的角有无穷多个，所以，它的极坐标不是唯一的，(ρ,θ)和$(\rho,2k\pi+\theta)(k\in\mathbf{Z})$表示同一个点，如图 3-31 中点 A、B、C、D、E、F 的坐标还可以分别表示为$(4,2\pi)$、$\left(2,\frac{9\pi}{4}\right)$、$\left(3,-\frac{3\pi}{2}\right)$、$\left(2,-\frac{7\pi}{6}\right)$、$(3,-\pi)$、$\left(4,-\frac{\pi}{4}\right)$等.

一般情况下，极径都取正值，但为了实际需要，有时极径 ρ 也可取负值，规定：当 $\rho<0$ 时，在角 θ 的终边的反向延长线上取点 M，使 $|OM|=|\rho|$，则点 M 的坐标就是(ρ,θ)（如图 3-32 所示）.

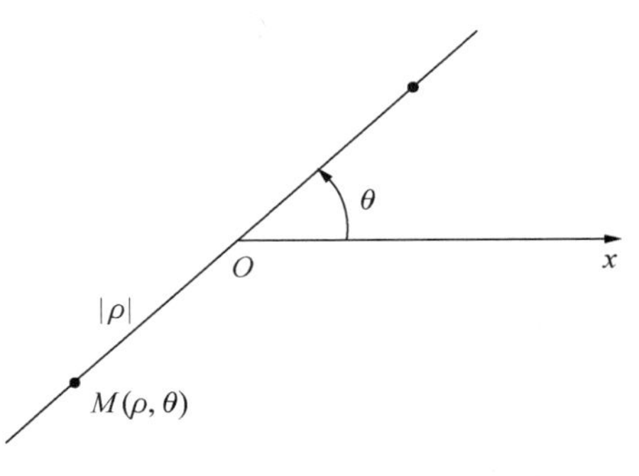

图　3-32

例如图 3-31 中的点 A、B，如果取 $\rho<0$，就可以表示为$(-4,\pi)$、$\left(-2,\frac{5\pi}{4}\right)$等.

一般地，$(-\rho,\theta+\pi)$与(ρ,θ)表示同一个点.

显然，如果限定 $\rho>0$，$0\leqslant\theta<2\pi$，则除极点外，平面内的点与它的极坐标就可以一一对应了.

2. 曲线的极坐标方程

在直角坐标系中，曲线可以用含有 x、y 的方程 $f(x,y)=0$ 来表示，同样，在极坐标系中，曲线可以用含有 ρ，θ 的方程 $f(\rho,\theta)=0$ 来表示，这种方程叫作**曲线的极坐标方程**.

求曲线的极坐标方程的方法和步骤，与求曲线的直角坐标方程类似，就是把曲线看作适合某种条件的点的集合或轨迹，把已知条件用曲线上点的极坐标 ρ，θ 的关系式 $f(\rho,\theta)=0$ 表示出来，就得到曲线的极坐标方程.

例 1　求过极点，倾斜角为$\frac{\pi}{4}$的直线的极坐标方程.

解　设 $M(\rho,\theta)$为直线上任意一点. 因为不论 ρ 取什么值，总有

$$\theta=\frac{\pi}{4},$$

故 $\theta=\frac{\pi}{4}$就是过极点，倾斜角为$\frac{\pi}{4}$的直线的极坐标方程（如图 3-33 所示）.

例 2　求圆心在极点，半径为 R 的圆的极坐标方程.

解 设 $M(\rho,\theta)$ 为圆上任意一点. 因为圆上任意一点到极点的距离都等于半径 R，所以不论 θ 取什么值，总有

$$\rho=R.$$

故 $\rho=R$ 就是圆心在极点，半径为 R 的圆的极坐标方程(如图 3-34 所示).

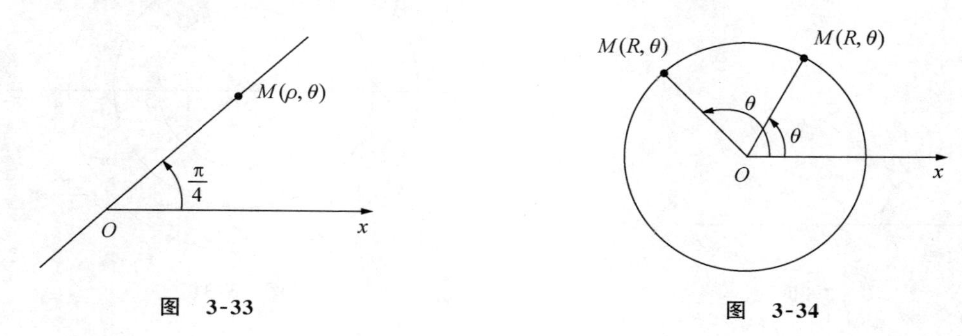

图 3-33　　图 3-34

例 3 求经过点 $A(a,0)(a\neq 0)$ 且与极轴垂直的直线的极坐标方程.

解 设 $M(\rho,\theta)$ 是直线上任意一点，连接 OM，则

$$OM=\rho, \angle AOM=\theta.$$

因为 $\angle OAM=\frac{\pi}{2}$，所以，有

$$\rho=\frac{a}{\cos\theta}.$$

这就是经过点 $A(a,0)$ $(a\neq 0)$ 且与极轴垂直的直线的极坐标方程(如图 3-35 所示).

例 4 求圆心在极轴上，且经过极点 O，半径为 R 的圆的极坐标方程.

解 由已知，圆心在极轴上，半径为 R，圆经过极点 O，设圆和极轴的另一个交点为 A，那么 $OA=2R$.

设点 $M(\rho,\theta)$ 是圆上任意一点，连接 OM、MA，则 $OM=\rho$，$\angle AOM=\theta$，$\angle OMA=\frac{\pi}{2}$(如图 3-36 所示)，所以

$$\frac{\rho}{2R}=\cos\theta.$$

即 $\rho=2R\cos\theta$ 为所求的圆的极坐标方程.

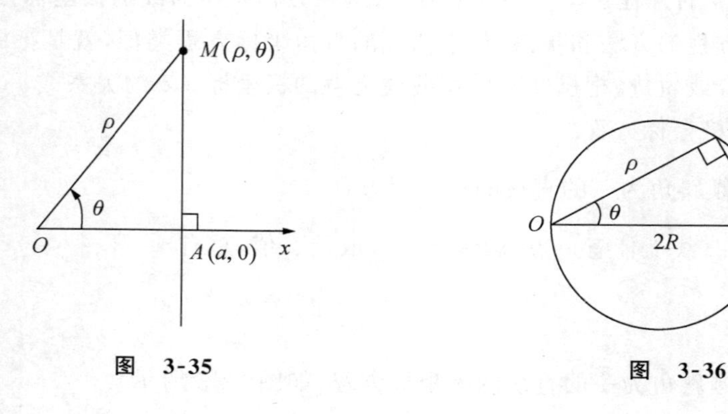

图 3-35　　图 3-36

例 5　当一个动点沿一条射线做等速运动，而射线又绕着它的端点做等角速旋转时，这个动点的轨迹叫作**等速螺线**(或**阿基米德螺线**)．求等速螺线的极坐标方程．

解　如图 3-37 所示，以射线 l 的端点为极点 O，射线的初始位置为极轴 Ox，设曲线上动点 M 的坐标为(ρ,θ)，动点的初始位置的坐标为$(\rho_0,0)$，M 点在 l 上运动的速度为 v，l 绕点 O 转动的角速度为 ω．

可以看出，经过时间 t，M 点的极径为

$$\rho=\rho_0+vt, \tag{1}$$

极角为

$$\theta=\omega t, \tag{2}$$

图　3-37

由(2)式，得

$$t=\frac{\theta}{\omega}, \tag{3}$$

将(3)式代入(1)式，得

$$\rho=\rho_0+\frac{v}{\omega}\theta. \tag{4}$$

令 $\frac{v}{\omega}=a$，代入(4)式，得

$$\rho=\rho_0+a\theta\ (a,\rho_0\ 为常数，且\ a\neq0).$$

这就是等速螺线的极坐标方程，ρ 是 θ 的一次函数．

如果令 $\rho_0=0$，即动点 M 由极点 O 开始运动，等速螺线的方程变为

$$\rho=a\theta,$$

这时，极径 ρ 与极角 θ 成正比．

3．极坐标与直角坐标的互化

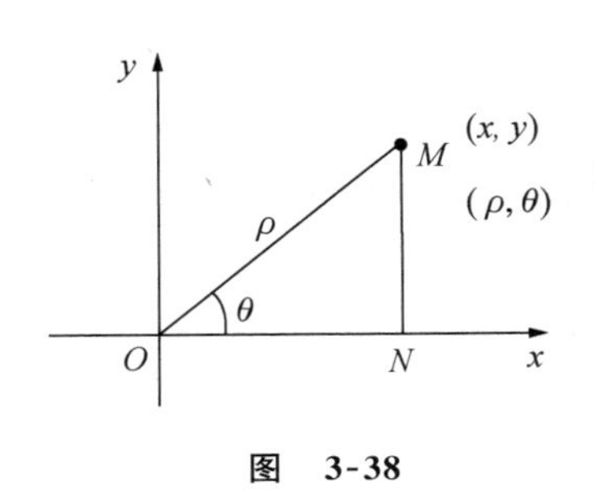

图　3-38

极坐标系和直角坐标系是两种不同的坐标系，同一个点可以有极坐标，也可以有直角坐标；同一条曲线可以有极坐标方程，也可以有直角坐标方程．为了研究问题方便，有时需要把极坐标与直角坐标互化．

如图 3-38 所示，把直角坐标系的原点作为极点，x 轴的正半轴作为极轴，并在两种坐标系中取相同的单位长度．设 M 是平面内任意一点，它的直角坐标是(x,y)，极坐标是(ρ,θ)，从点 M 作 $MN\perp Ox$，由三角函数定义可以得出 x,y 与 ρ,θ 之间的关系：

$$\begin{cases}x=\rho\cos\theta,\\ y=\rho\sin\theta.\end{cases} \tag{3-11}$$

由公式(3-11)，可以得出下面的关系式：

$$\begin{cases}\rho^2=x^2+y^2,\\ \tan\theta=\dfrac{y}{x}.\end{cases} \tag{3-12}$$

这里 $x\neq0$．

为了使点 M(极点除外)的极坐标唯一起见，一般可取 $\rho>0$，$0\leqslant\theta<2\pi$，在由 $\tan\theta$ 求角 θ 时，应根据点 M 所在的象限来决定．

例 6 把点 M 的极坐标 $\left(2,\frac{\pi}{6}\right)$ 化为直角坐标.

解 由公式(3-11)，得

$$x=2\cos\frac{\pi}{6}=2\times\frac{\sqrt{3}}{2}=\sqrt{3},$$

$$y=2\sin\frac{\pi}{6}=2\times\frac{1}{2}=1.$$

即点 M 的直角坐标为 $(\sqrt{3},1)$.

例 7 把点 M 的直角坐标 $(-1,1)$ 化为极坐标.

解 由公式(3-12)，得

$$\rho=\sqrt{(-1)^2+1^2}=\sqrt{2},$$

$$\tan\theta=\frac{1}{-1}=-1.$$

因为点 $M(-1,1)$ 在第Ⅱ 象限，所以取 $\theta=\frac{3\pi}{4}$.

于是点 M 的极坐标为 $\left(\sqrt{2},\frac{3\pi}{4}\right)$.

例 8 将圆的直角坐标方程 $x^2+y^2-2ax=0(a>0)$ 化为极坐标方程.

解 将 $x=\rho\cos\theta, y=\rho\sin\theta$ 代入原方程，得

$$\rho^2\cos^2\theta+\rho^2\sin^2\theta-2a\rho\cos\theta=0,$$

化简，得

$$\rho(\rho-2a\cos\theta)=0,$$

于是

$$\rho=0 \text{ 或 } \rho=2a\cos\theta.$$

由于 $\rho=0$ 表示极点，$\rho=2a\cos\theta$ 包含了极点，
所以 $\rho=2a\cos\theta$ 为所求圆的极坐标方程.

例 9 将极坐标方程 $\rho=2a\sin\theta(a>0)$ 化为直角坐标方程，并作出它的图像.

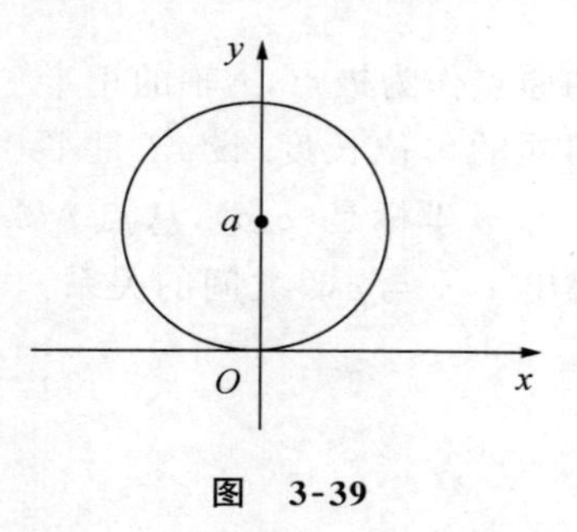

图 3-39

解 将方程 $\rho=2a\sin\theta$ 的两边同乘以 ρ，得

$$\rho^2=2a\rho\sin\theta,$$

将公式 $\rho^2=x^2+y^2$，$\rho\sin\theta=y$ 代入上式，得

$$x^2+y^2=2ay.$$

于是

$$x^2+(y-a)^2=a^2.$$

显然可知，它的图像是中心在点 $(0,a)$，半径为 a 的圆（如图 3-39 所示）.

二、参数方程

前面我们已经研究过，对于平面上的一条曲线，在平面直角坐标系中可以用含有坐标 x 和 y 的方程来表示，在极坐标系中可以用含有坐标 ρ 和 θ 的方程来表示. 但在实际问题中，有些曲线用这两种方程直接来表示都比较困难，而通过另一个变量间接地表示 x 和 y（或 ρ 和 θ）之间的关系都比较方便，这就是我们要讨论的参数方程.

1. 参数方程的概念

先看下面的例子.

设炮弹的发射角为 α,发射的初速度为 v_0,求炮弹运动的轨迹方程.

取炮口为原点,水平方向为 x 轴,建立直角坐标系(如图 3-40 所示),设点 $M(x,y)$为炮弹在运动中的任意一个位置,可以看出,要用 x 和 y 之间的直接关系来表示炮弹运动的方程是有困难的.但是我们知道,炮弹运动的轨迹是由炮弹在各个时刻的位置来决定的,下面就来分析炮弹在任意位置的坐标 x 和 y 分别与时间 t 之间的关系,如果不考虑地心引力,则经时间 t,炮弹运动到 T,于是 $OT=v_0t$,但事实上,炮弹受地心引力的影响,不在点 T,而在点 M,由于点 M 的横坐标为$v_0t\cos\alpha$,纵坐标为 $v_0t\sin\alpha-\frac{1}{2}gt^2$,因此炮弹运动的方程就是方程组

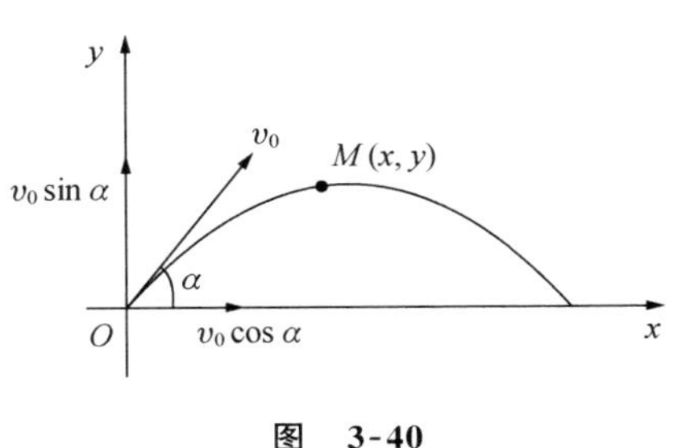

图　3-40

$$\begin{cases}x=v_0t\cos\alpha,\\ y=v_0t\sin\alpha-\frac{1}{2}gt^2.\end{cases}\quad(0\leqslant t\leqslant t_1).\tag{1}$$

其中 g 是重力加速度(取 $9.8\,\mathrm{m/s^2}$),t_1 是炮弹落地的时刻,这里,v_0、α 和 g 都是常数,对应于 $t\in[0,t_1]$的每一个值,就确定了炮弹相应的每一个位置 $M(x,y)$.因此 t 在$[0,t_1]$上连续变化时,$M(x,y)$就描出了炮弹运动的轨迹,这样建立的 x、y 与另一个变量 t 之间的关系不仅方便,而且还可以反映变量的实际意义,如方程组(1)中的两个方程就分别反映出炮弹飞行的水平距离、高度与时间的关系.

一般地,在取定的坐标系中,如果曲线上任一点的坐标(x,y)或(ρ,θ)都是另一个变量 t 的函数,即

$$\begin{cases}x=x(t),\\ y=y(t).\end{cases}\tag{2}$$

或

$$\begin{cases}\rho=\rho(t),\\ \theta=\theta(t).\end{cases}\tag{3}$$

并且对于 t 的每一个允许值,由方程组(2)或(3)所确定的点 $M(x,y)$或 $M(\rho,\theta)$都在这条曲线上,那么方程组(2)或(3)就叫作这条**曲线的参数方程**,其中的 t 叫作参变数,简称**参数**,参数方程上的参数可以是有物理意义或几何意义的变数,也可以是没有明显意义的变数.相对于参数方程来说,前面学过的直接给出曲线上点的坐标关系的方程,如直角坐标方程 $f(x,y)=0$,极坐标方程 $f(\rho,\theta)=0$ 统称为**普通方程**.

2. 参数方程和普通方程的互化

将曲线的参数方程化为普通方程,只要设法消去参数 t,就得到两个变量间的直接关系的普通方程.

例 10　把参数方程

$$\begin{cases}x=v_0t\cos\alpha, & (1)\\ y=v_0t\sin\alpha-\frac{1}{2}gt^2 & (2)\end{cases}$$

化为普通方程.

解 由方程(1),得

$$t=\frac{x}{v_0\cos\alpha}, \tag{3}$$

将方程(3)代入方程(2),得

$$y=v_0\cdot\frac{x}{v_0\cos\alpha}\cdot\sin\alpha-\frac{1}{2}g\cdot\left(\frac{x}{v_0\cos\alpha}\right)^2,$$

化简,得普通方程

$$y=(\tan\alpha)x-\frac{g}{2v_0^2\cos^2\alpha}x^2.$$

这是一个二次函数,所以原参数方程表示的点的轨迹是抛物线.

例 11 把参数方程

$$\begin{cases}x=\sin t, & (1)\\ y=\cos^2 t & (2)\end{cases}$$

化为普通方程,并说明它表示什么曲线.

解 将方程(1)两边平方,得

$$x^2=\sin^2 t,$$

即

$$x^2=1-\cos^2 t, \tag{3}$$

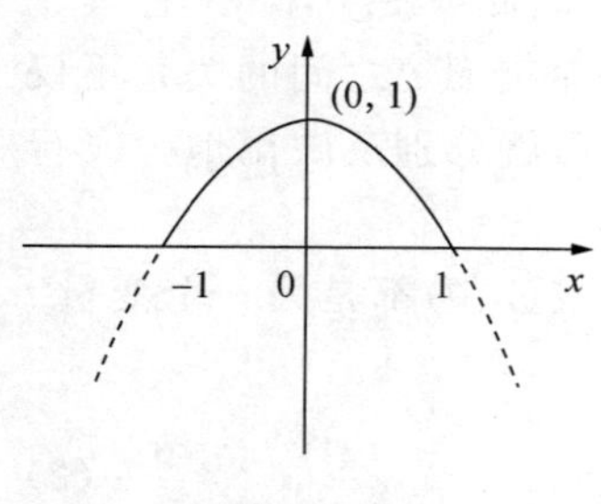

图 3-41

将方程(2)代入方程(3),得普通方程

$$x^2=1-y.$$

即

$$x^2=-(y-1)\ (0\leqslant y\leqslant 1).$$

显然,它的图像是抛物线,顶点在(0,1),对称轴为 y 轴,开口向下.由于 $y=\cos^2 t\geqslant 0$,故它的图像仅为 x 轴上方的部分(如图 3-41 所示).

与上述曲线的参数方程化为普通方程的情况相反,也可以将曲线的普通方程化为参数方程.

例 12 化直线的点斜式方程 $y-y_0=\tan\alpha\cdot(x-x_0)$ 为参数方程.

解 将直线的点斜式方程变形为

$$\frac{y-y_0}{\sin\alpha}=\frac{x-x_0}{\cos\alpha}.$$

设上述比值为 t,取 t 为参数,得

$$\begin{cases}\dfrac{x-x_0}{\cos\alpha}=t,\\ \dfrac{y-y_0}{\sin\alpha}=t.\end{cases}$$

于是

$$\begin{cases}x=x_0+t\cos\alpha,\\ y=y_0+t\sin\alpha.\end{cases}$$

这就是经过点 (x_0,y_0),倾斜角为 α 的直线的参数方程.

3. 曲线的参数方程的建立

建立曲线的参数方程，除去由曲线的普通方程化为参数方程以外，通常是把曲线看作动点的轨迹，选取适当的参数 t，使曲线上的点的坐标 x 与 y（或 ρ 与 θ）分别用参数 t 的关系式来表示，下面我们介绍常见曲线的参数方程.

例 13　椭圆的参数方程.

解　设点 $M(x,y)$ 是椭圆 $\frac{x^2}{a^2}+\frac{y^2}{b^2}=1(a>b>0)$ 上的任意一点，以原点为圆心，分别以 a,b 为半径作两个辅助圆（如图 3-42 所示），过 M 作直线 MA' 垂直于 x 轴，垂足为 A'，交大辅助圆于 A，连接 OA，设 $\angle AOA'=t$，取 t 为参数，则

$$x=OA'=a\cos t,$$
$$y=A'M=b\sin t,$$

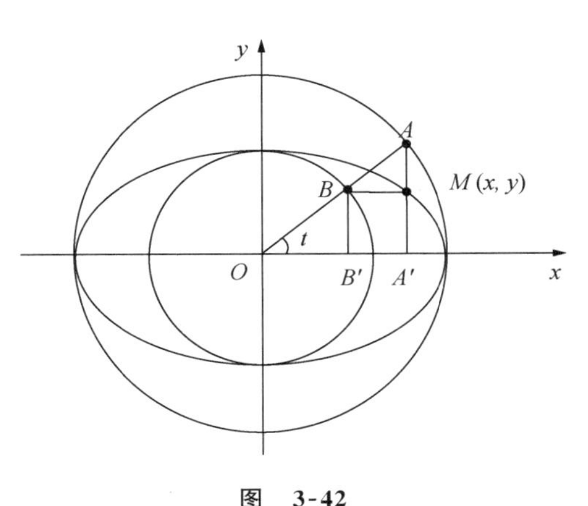

图　3-42

即

$$\begin{cases}x=a\cos t,\\ y=b\sin t.\end{cases}$$

就是所求椭圆的参数方程. 参数 t 叫作椭圆上点 M 的**偏心角**（或**离心角**）.

例 14　如图 3-43(1)所示，把一根没有弹性的绳子绕在一个固定的圆盘上，然后在绳子的外端 M 处把绳拉紧并逐渐展开，让绳的拉直部分始终保持和圆相切，这时绳的外端点 M 的轨迹叫作**圆的渐开线**，这个圆叫作渐开线的**基圆**. 求圆的渐开线的参数方程.

解　(1) 直角坐标参数方程

设基圆的圆心为 O，半径为 r，绳子外端的初始位置为 A，以 O 为原点，过 OA 的直线为 x 轴，建立直角坐标系（如图 3-43(2)所示）.

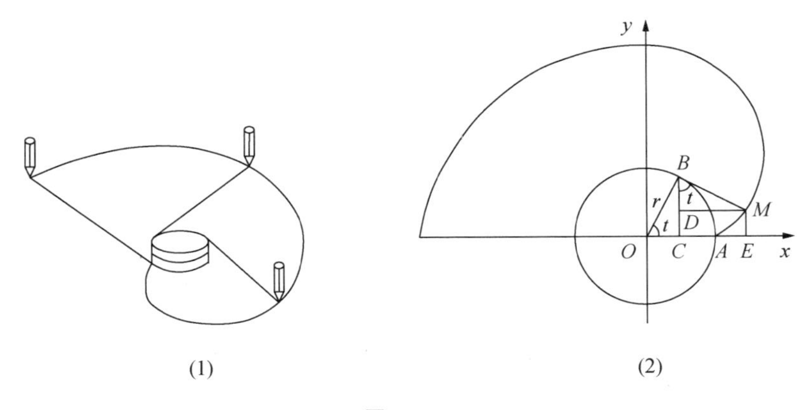

图　3-43

设 $M(x,y)$ 是渐开线上任意一点，BM 是圆 O 的切线，连 OB，取 $\angle BOA=t$（弧度）为参数，根据圆的渐开线的定义，得

$$BM=\overset{\frown}{BA}=rt.$$

作 $ME\perp Ox$，$BC\perp Ox$，$MD\perp BC$，垂足分别为 E、C、D，则 $\angle MBD=t$，由此可得点 M 的

坐标为

$$x=OE=OC+CE=OC+DM=r\cos t+rt\sin t,$$
$$y=EM=CD=CB-DB=r\sin t-rt\cos t,$$

故圆的渐开线的直角坐标参数方程为

$$\begin{cases}x=r(\cos t+t\sin t),\\ y=r(\sin t-t\cos t).\end{cases}$$

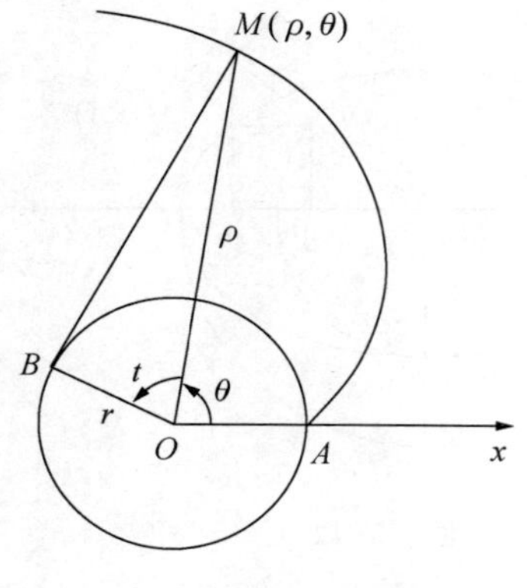

图 3-44

(2) 极坐标参数方程

取基圆的圆心 O 为极点，过 OA 的射线为极轴，建立极坐标系（如图 3-44 所示）. 设 $M(\rho,\theta)$（θ 取弧度）为渐开线上的任意一点，BM 为圆的切线，连接 OB、取 $\angle BOM=t$（弧度）为参数，根据渐开线的定义，得

$$BM=\overset{\frown}{BA}=r(\theta+t).$$

在直角△OBM 中

$$\rho=\frac{r}{\cos t},$$
$$BM=r\tan t,$$

于是

$$r(\theta+t)=r\tan t,$$
$$\theta=\tan t-t.$$

故所求的圆的渐开线的极坐标参数方程为

$$\begin{cases}\rho=\dfrac{r}{\cos t},\\ \theta=\tan t-t.\end{cases}$$

由图 3-44 可知，极角 θ 和极径 ρ 都是随着 t 的变化而变化的，参数 t 的取值范围是 $0\leqslant t<\frac{\pi}{2}$. 用圆的渐开线作齿形曲线时，$t$ 叫作压力角；它的大小和 M 点的位置有关，ρ 愈大（M 离轮心愈远）压力角也愈大.

习 题 3-7

1. 在极坐标系中描出下列各点，并将它们化为直角坐标：

A. $\left(1,\frac{\pi}{4}\right)$； B. $\left(2,-\frac{\pi}{6}\right)$； C. $\left(3,\frac{3\pi}{4}\right)$； D. $(4,0)$.

2. 将下列各点的直角坐标化为极坐标：

A. $(1,\sqrt{3})$； B. $(-\sqrt{3},\sqrt{3})$； C. $(\sqrt{3},-1)$； D. $(-1,-\sqrt{3})$.

3. 将下列极坐标方程化为直角坐标方程：

(1) $\rho=\frac{a}{\cos\theta}$； (2) $\rho=\frac{a}{1+\cos\theta}$；

(3) $\rho^2\sin 2\theta=2a^2$； (4) $\rho=5\sin\theta$.

4. 将下列直角坐标方程化为极坐标方程：

(1) $x=5$； (2) $y+4=0$；

(3) $2x-5y=0$； (4) $x^2+y^2=25x$；

(5) $x^2+y^2=a^2(x-y)$； (6) $x^2-y^2=a^2$.

5. 求经过点 $A\left(3,\frac{\pi}{3}\right)$,并与极轴平行的直线的极坐标方程.

6. 求经过点 $A(4,0)$并与极轴成 45°角的直线的极坐标方程.

7. 求圆心在点$\left(-5,\frac{\pi}{3}\right)$,半径为 5 的圆的极坐标方程.

8. 将下列参数方程化为普通方程:

(1) $\begin{cases}x=2+t\\y=2-3t\end{cases}$ (t 为参数);

(2) $\begin{cases}x=5+\cos t\\y=\sin t-5\end{cases}$ (t 为参数);

(3) $\begin{cases}x=\sqrt{2}\cos\theta\\y=3\sin\theta\end{cases}$ (θ 为参数);

(4) $\begin{cases}x=\cos^2\theta\\y=\sin\theta\end{cases}$ (θ 为参数);

(5) $\begin{cases}x=2+3\cos\theta\\y=5\sin\theta\end{cases}$ (θ 为参数);

(6) $\begin{cases}x=\dfrac{a}{\cos t}\\y=b\tan t\end{cases}$ (t 为参数).

9. 根据所给条件,把下列各方程化为参数方程:

(1) $4x^2+y^2=16$,设 $x=2\cos\theta$ (θ 为参数);

(2) $xy=a^2$,设 $x=a\tan\theta$ (θ 为参数);

(3) $x^3+y^3=a^3$,设 $x=a\sin 2\theta$ (θ 为参数).

10. 求圆心在$(2,1)$,半径为 4 的圆在直线$\begin{cases}x=2+2t\\y=1-t\end{cases}$上所截弦的长.

11. 试证:圆 $x^2+y^2=9$ 与直线$\begin{cases}x=3t\\y=4t-5\end{cases}$相切.

12. 求直线$\begin{cases}x=-1+t\\y=1-t\end{cases}$与双曲线 $4x^2-y^2=12$ 的交点,并作图.

13. 如果自高为 h 的山顶上,沿水平方向发射炮弹,初速为 v_0,如不计空气阻力,求炮弹的弹道方程(以时刻 t 为参数),并求炮弹落地的时间.

14. 以初速 $v_0=20\text{ m/s}$,并与水平面成 45°角的方向投掷手榴弹,若不计空气阻力,求手榴弹运动轨迹的参数方程和投掷的距离(以时刻 t 为参数).

复 习 题 三

1. 判断题:

(1) 曲线 $x^2-3x-2y+6=0$ 过点 $A(-2,3)$.　(　)

(2) 圆 $x^2+y^2-6x=0$ 的圆心是$(3,0)$,半径是 3.　(　)

(3) 在椭圆方程$\frac{x^2}{a^2}+\frac{y^2}{b^2}=1(a>b>0)$中有 $a^2-b^2=c^2$.　(　)

(4) 方程 $x^2+y^2+\lambda x=0$ 表示圆,则 $\lambda\in\mathbf{R}$.　(　)

(5) 双曲线$\frac{x^2}{a^2}-\frac{y^2}{b^2}=1$ $(a>0,b>0)$中的 a 一定大于 b.　(　)

(6) 焦距为 10,$2a=8$ 的双曲线的标准方程一定是$\frac{x^2}{16}-\frac{y^2}{9}=1$.　(　)

(7) 若方程 $16x^2+ky^2=16k$ 表示焦点在 y 轴上的椭圆,则 $0<k<16$.　(　)

(8) 抛物线 $x^2=-y$ 的准线方程是 $y=\frac{1}{2}$.　(　)

(9) 双曲线 $x^2-y^2=4$ 与双曲线 $x^2-y^2=-4$ 的焦距和焦点都相同.　(　)

*(10) 双曲线$\frac{(x+2)^2}{4}-\frac{(y-1)^2}{6}=1$ 的中心是点$(0,0)$.　(　)

2. 填空题：

(1) 圆心在点(1,1)，并经过点(−3,4)的圆的标准方程是________.

(2) 椭圆 $11x^2+20y^2=220$ 的焦距等于________.

(3) 直线 $y=2x+b$ 与圆 $x^2+y^2=9$ 相切，则 $b=$________.

(4) 椭圆$\frac{x^2}{144}+\frac{y^2}{36}=1$长轴的长等于________.

(5) 如果双曲线的一个焦点是(4,0)，一条渐近线是 $x-y=0$，则另一条渐近线是________，双曲线的方程是____________.

(6) 抛物线 $2x^2-5y=0$ 的开口方向为________，焦点坐标为________，准线方程为________.

*(7) 曲线 $4x^2+9y^2+16x-18y-11=0$ 进行坐标轴平移，新原点的原坐标为________时，方程可化简为标准方程____________.

*(8) 曲线 $y^2-12x+6y+33=0$ 进行坐标轴平移，新原点的原坐标为________. 方程可化简为标准方程____________.

(9) 以(−1,3)、(3,1)为直径两端点的圆的方程是____________.

(10) 设 F_1、F_2 是椭圆$\frac{x^2}{64}+\frac{y^2}{36}=1$的两个焦点，$P$ 是椭圆上的一点，$|PF_1|=10$，则 $|PF_2|=$________.

3. 选择题：

(1) 下面的点在曲线 $x^2+y^2-2x+2y=14$ 上的是(　　).

A. (1,2)　　B. (0,−2)　　C. (1,6)　　D. (1,3)

(2) 已知△ABC 的面积为 4，A、B 两点的坐标分别为(−2,0)和(2,0)，则顶点 C 的轨迹方程是(　　).

A. $y=2$　　B. $y=-2$　　C. $y=-2$ 和 $y=2$　　D. 以上答案都不对

(3) 经过点 $A(1,0)$，$B(-1,1)$，$C(0,0)$的圆的方程是(　　).

A. $x^2+y^2-x+3y=0$　　B. $x^2+y^2-x-3y=0$

C. $x^2+y^2+x+3y=0$　　D. $x^2+y^2+x+y=0$

(4) 与椭圆$\frac{x^2}{9}+\frac{y^2}{4}=1$有公共焦点的椭圆的方程是(　　).

A. $\frac{x^2}{4}+\frac{y^2}{9}=1$　　B. $\frac{x^2}{3}+\frac{y^2}{2}=1$

C. $\frac{x^2}{81}+\frac{y^2}{16}=1$　　D. $\frac{x^2}{15}+\frac{y^2}{10}=1$

(5) 若双曲线与椭圆 $x^2+4y^2=64$ 共焦点，它的一条渐近线方程是 $x+\sqrt{3}y=0$，则此双曲线的标准方程只能是(　　).

A. $\frac{x^2}{36}-\frac{y^2}{12}=1$　　B. $\frac{y^2}{36}-\frac{x^2}{12}=1$

C. $\frac{x^2}{12}-\frac{y^2}{36}=1$　　D. 以上答案都不对

(6) 与椭圆$\frac{x^2}{9}+\frac{y^2}{4}=1$有公共焦点的椭圆的方程是(　　).

A. $\frac{x^2}{4}+\frac{y^2}{9}=1$　　B. $\frac{x^2}{3}+\frac{y^2}{2}=1$

C. $\frac{x^2}{81}+\frac{y^2}{16}=1$　　D. $\frac{x^2}{15}+\frac{y^2}{10}=1$

(7) 抛物线 $y=ax^2$ 的焦点坐标是(　　).

A. $\left(0,\frac{a}{4}\right)$　B. $\left(0,-\frac{a}{4}\right)$　C. $\left(0,-\frac{1}{4a}\right)$　D. $\left(0,\frac{1}{4a}\right)$

(8) 若曲线方程 $x^2+y^2\cos\alpha=1$ 中的 α 满足 $90°<\alpha<180°$,则曲线应为(　　).

A. 抛物线　B. 双曲线　C. 椭圆　D. 圆

(9) 抛物线的顶点在原点,对称轴是坐标轴,且焦点在直线 $x-y+2=0$ 上,则此抛物线的方程只能是(　　).

A. $y^2=4x$ 或 $x^2=-4y$　　B. $x^2=4y$ 或 $y^2=-4x$

C. $x^2=8y$ 或 $y^2=-8x$　　D. 无法确定

4. 一圆过点 $A(2,-1)$,圆心在直线 $y=-2x$ 上且与 $x+y=1$ 相切,求该圆的方程.

5. 三角形三边的方程分别是 $x-6=0$,$x+2y=0$ 和 $x-2y=8$,求三角形外接圆的方程.

6. 椭圆的一个焦点把长轴分为两段,分别等于 7 和 1,求椭圆的标准方程.

7. 已知双曲线$\frac{x^2}{225}-\frac{y^2}{64}=1$ 上一点的横坐标为 15,求该点到两个焦点间的距离.

8. 直线 $x-y-1=0$ 与抛物线 $y^2=2px$ 交与 A、B 两点,且 $|AB|=8$,求该抛物线的方程.

9. 求以$\frac{x^2}{25}+\frac{y^2}{9}=1$ 的焦点和顶点分别作为顶点和焦点的双曲线的方程.

10. 抛物线的顶点是双曲线 $16x^2-9y^2=144$ 的中心,而焦点是双曲线的左顶点,求抛物线的方程.

11. 判定方程$\frac{x^2}{25-m}+\frac{y^2}{9-m}=1$ 所表示的曲线的形状,并证明无论方程表示椭圆或双曲线,它们的焦点是相同的.

12. 海岸边在相距 5 000 m 处有 F_1、F_2 两个声呐监视站,在海底做爆炸试验时,两站记录同一次爆炸的开始时间相差 2 s,已知当地海水中平均声速为 1 500m/s,求爆炸点的轨迹方程(提示:以两个观测站所在直线为 y 轴).

第四章　数　　列

我们看下面两个问题.

问题 1：

$$1+2+3+\cdots+100=?$$

对于这个问题，著名数学家高斯 10 岁时曾很快求出它的结果. 你知道应如何计算吗？

问题 2：印度国王打算重奖国际象棋的发明者——宰相西萨·班·达依尔，当问他要什么奖品时，他说："请在棋盘的第 1 个格子里放上 1 粒麦子，在第 2 个格子里放上 2 粒麦子，在第 3 个格子里放上 4 粒麦子，在第 4 个格子里放上 8 粒麦子，依此类推，每个格子里放的麦粒数都是前一个格子里放的麦粒数的 2 倍，直到第 64 个格子. 请给我足够的粮食来实现上述要求". 国王觉得这并不是很难办到的事，就欣然同意了他的要求. 你认为国王有能力满足宰相的要求吗？

关于这两个问题，当我们学习了本章知识后，就会很快解决.

在本章里，我们将学习数列的一些基础知识，并用它们解决一些简单的问题.

第一节　数列的概念

一、数列的定义

我们看下面的例子.

引言问题 1 中的 100 个数由小到大排成一列数：

$$1,\ 2,\ 3,\ 4,\ \cdots,\ 100. \tag{1}$$

引言问题 2 中各个格子里的麦粒数按放置的先后排成一列数：

$$1,\ 2,\ 2^2,\ 2^3,\ \cdots,\ 2^{63}. \tag{2}$$

由小到大的正整数的倒数排成一列数：

$$1,\ \frac{1}{2},\ \frac{1}{3},\ \frac{1}{4},\ \cdots,\ \frac{1}{n},\ \cdots. \tag{3}$$

$\sqrt{2}$精确到 1，0.1，0.01，0.001，…的不足近似值排成一列数：

$$1,\ 1.4,\ 1.41,\ 1.414,\ \cdots. \tag{4}$$

函数 $f(n)=\left(-\frac{1}{2}\right)^n$，当自变量 n 依次取正整数 1，2，3，…时，所得对应函数值排成下面的一列数：

$$-\frac{1}{2},\ \frac{1}{4},\ -\frac{1}{8},\ \cdots. \tag{5}$$

无穷多个 1 排成一列数：

$$1,\ 1,\ 1,\ 1,\ \cdots. \tag{6}$$

正奇数排成一列数：

$$1,\ 3,\ 5,\ 7,\ \cdots. \tag{7}$$

像上面各例中，按一定次序排列的一列数叫作**数列**. 数列中的每一个数都叫作这个**数列的项**，各项依次叫作这个数列的第 1 项(或首项)，第 2 项，…，第 n 项，….

数列的一般形式可以写成

$$a_1,\ a_2, a_3, \cdots, a_n,\ \cdots.$$

其中 a_n 是数列的第 n 项. 有时我们把上面的数列简记作 $\{a_n\}$. 例如，数列

$$1,\ \frac{1}{2},\ \frac{1}{3},\ \frac{1}{4},\ \cdots,\ \frac{1}{n},\ \cdots$$

可记作 $\left\{\frac{1}{n}\right\}$.

对于上面的数列，每一项与它的序号有着对应关系. 如数列(2)的对应关系如下表：

序号 n	1	2	3	4	…	64
	↓	↓	↓	↓		↓
项 a_n	1	2	2^2	2^3	…	2^{63}

从函数的观点看，数列可以看作是一个定义域为正整数集(或它的子集)的函数当自变量从小到大依次取值时对应的一列函数值.

要准确理解数列定义中的两个关键词："一列数"，即不止一个数；"一定顺序"，即数列中的数是有序的.

必须注意两点：

(1) 数列与数集的异同：数列中的数是有序的，而数集中的数是无序的；数列中的数可以相同而数集中的数必须是互异的.

例如 1,2,3,4,5 与数列 5,4,3,2,1 是不同的数列，而集合{1,2,3,4,5}与集合{5,4,3,2,1}则是同一个集合.

(2) $\{a_n\}$与 a_n 是两个不同的概念：$\{a_n\}$表示数列 $a_1, a_2, a_3, \cdots, a_n, \cdots$，而 a_n 只表示数列中的第 n 项.

二、数列的分类

数列是以正整数(或它的子集)为定义域的函数，可以用研究函数的方法来研究数列.

数列可以用图像来表示. 在画图时，为方便起见，在直角坐标系两条坐标轴上取的单位长度可以不同.

图 4-1(1)和图 4-1(2)分别是数列(1)和数列(2)的图像表示. 从图上看，它们都是一群孤立的点. 例如，表示数列(2)的各点的坐标依次是(1,1)，(2,2)，(3,4)，…，$(64,2^{63})$.

项数有限的数列叫作**有穷数列**，项数无限的数列叫作**无穷数列**. 上面的数列(1)，(2)，是有穷数列，数列(3)，(4)，(5)，(6)，(7)是无穷数列.

一个数列，如果从第二项起，每一项都大于它的前面一项，即 $a_{n+1}>a_n$，那么这个数列叫作**单调递增数列**. 如果从第二项起，每一项都小于它的前面一项，即 $a_{n+1}<a_n$，那么这个数列叫作**单调递减数列**. 例如，数列(1)，(2)，(4)，(7)都是单调递增数列，数列(3)是单调递减数列.

一个数列，如果从第二项起，有些项大于它的前一项，而有些项却小于它的前一项，我们把这个数列叫作**摆动数列**；如果一个数列各项都相等，那么这个数列叫作**常数列**.

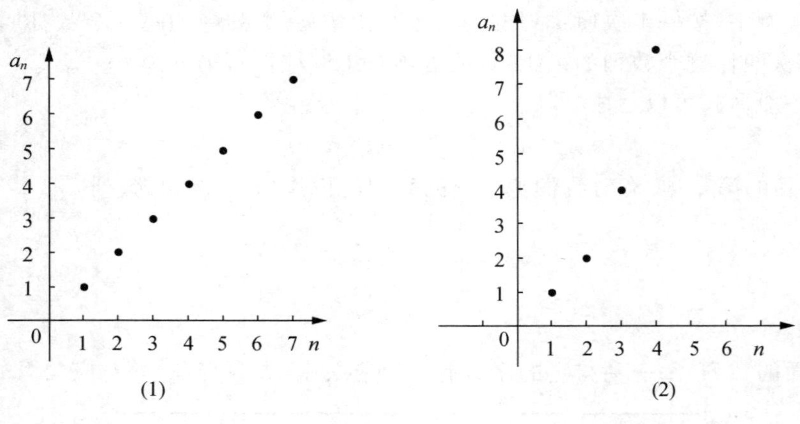

图 4-1

例如，数列(5)是摆动数列，数列(6)是常数列.

函数有有界函数和无界函数的概念.类似地，数列也有有界数列和无界数列的区分.

一个数列，如果任何一项的绝对值都小于某一个正数 M，即 $|a_n|\leqslant M(M>0)$，那么这个数列叫作**有界数列**，如果这样的数 M 不存在，那么数列叫作**无界数列**.

例如，数列(1)，(2)，(3)，(4)，(5)，(6)都是有界数列，数列(7)是无界数列.

三、数列的通项公式

如果数列$\{a_n\}$的第 n 项 a_n 与项数 n 之间的函数关系可以用一个公式来表示，那么这个公式就叫作这个数列的**通项公式**.例如，数列(2)的通项公式是 $a_n=2^{n-1}(n\leqslant 64)$；数列(3)的通项公式是 $a_n=\dfrac{1}{n}$.如果已知一个数列的通项公式，那么只要依次用 1，2，3，…代替公式中的 n，就可以求出这个数列的各项.

例 1 根据下面数列$\{a_n\}$的通项公式，写出它的前 5 项：

(1) $a_n=n^2-3$； (2) $a_n=(-1)^n\dfrac{n-1}{n+2}$.

解 (1) 在通项公式中依次取 $n=1,2,3,4,5$，得到数列$\{a_n\}$的前 5 项为

$$-2,\ 1,\ 6,\ 13,\ 22.$$

(2) 在通项公式中依次取 $n=1,2,3,4,5$，得到数列$\{a_n\}$的前 5 项为

$$0,\ \frac{1}{4},\ -\frac{2}{5},\ \frac{1}{2},\ -\frac{4}{7}.$$

例 2 写出下面数列的一个通项公式，使它的前几项分别是下列各数：

(1) $0,\sqrt{2^2-1},\sqrt{3^2-1},\sqrt{4^2-1}$；

(2) $\dfrac{2}{3},-\dfrac{4}{15},\dfrac{6}{35},-\dfrac{8}{63}$；

(3) 1，3，3，5，5，7，7，9，9.

【思路分析】 认真观察数列的项与项数之间的关系，寻找满足条件的共同规律，若各项形式不一致，可把它们变为统一的形式.

解 (1) 这个数列的前 4 项都是取算术平方根，被开方数都是序号的平方减去 1，所以它的通项公式是

$$a_n=\sqrt{n^2-1}.$$

（2）分开观察，正负号由$(-1)^{n+1}$确定，分子是偶数$2n$，分母是$1\times3,3\times5,5\times7,7\times9$，故数列的通项公式可写成

$$a_n=(-1)^{n+1}\frac{2n}{(2n-1)(2n+1)}.$$

（3）将已知数列变为$1+0,2+1,3+0,4+1,5+0,6+1,7+0,8+1,9+0$，故数列的通项公式为

$$a_n=n+\frac{1+(-1)^n}{2}.$$

四、数列的前 n 项和

前面我们学习了数列的概念，在实际问题中经常遇到数列求和问题. 如本章引言中问题1：求$1+2+3+\cdots+100=$？

一般地，设有数列$\{a_n\}$，称$a_1+a_2+a_3+\cdots+a_n$或$\sum\limits_{i=1}^{n}a_i$为**数列的前 n 项和**，记为S_n，即

$$S_n=a_1+a_2+a_3+\cdots+a_n=\sum_{i=1}^{n}a_i.$$

由数列的通项a_n及前n项和S_n的概念不难得出：

$$a_1=S_1,$$
$$a_2=S_2-S_1,$$
$$\cdots\cdots$$
$$a_n=S_n-S_{n-1}.$$

例 3　已知数列$\{a_n\}$的前n项和$S_n=2n^2+3$，试求出其通项a_n.

解　当$n=1$时，

$$a_1=S_1=2+3=5;$$

当$n\geqslant2$时，

$$a_n=S_n-S_{n-1}=2n^2+3-[2(n-1)^2+3]=4n-2.$$

又因为$n=1$时，$4n-2=2\neq5$，所以数列的通项公式为

$$a_n=\begin{cases}5 & n=1\\4n-2 & n\geqslant2\end{cases}.$$

思考：为什么要先求a_1并验证a_1是否符合a_n？

习 题 4-1

1. 根据下面数列$\{a_n\}$的通项公式，写出它的前5项：

（1）$a_n=n^2$；　　（2）$a_n=10n$；

（3）$a_n=5\times(-1)^{n+1}$；　　（4）$a_n=\dfrac{2n+1}{n^2+1}$.

2. 根据下面数列$\{a_n\}$的通项公式，写出它的第7项与第10项：

（1）$a_n=\dfrac{1}{n^3}$；　　（2）$a_n=n(n+2)$；

（3）$a_n=\dfrac{(-1)^{n+1}}{n}$；　　（4）$a_n=-2^n+3$.

3. 观察下面数列的特点，用适当的数填空，并写出每个数列的一个通项公式：

(1) 2，4，(　)，16，32，(　)，128；　　(2) (　)，4，9，16，25，(　)，49；

(3) -1，$\frac{1}{2}$，(　)，$\frac{1}{4}$，$-\frac{1}{5}$，$\frac{1}{6}$，(　)；　　(4) 1，$\sqrt{2}$，(　)，2，$\sqrt{5}$，(　)，$\sqrt{7}$.

4. 写出下面数列的一个通项公式,使它的前4项分别是下列各数：

(1) 3，6，9，12；　　(2) 0，-2，-4，-6；

(3) $\frac{2}{1}$，$\frac{3}{2}$，$\frac{4}{3}$，$\frac{5}{4}$；　　(4) $-\frac{1}{2\times1}$，$\frac{1}{2\times2}$，$-\frac{1}{2\times3}$，$\frac{1}{2\times4}$；

(5) 1，$\frac{1}{4}$，$\frac{1}{9}$，$\frac{1}{16}$；　　(6) $\sqrt[3]{1}$，$-\sqrt[3]{2}$，$\sqrt[3]{3}$，$-\sqrt[3]{4}$.

5. 在下列无穷数列中，指出哪些是递增数列？哪些是递减数列？哪些是摆动数列？哪些是常数列？并写出各数列的通项公式和第10项：

(1) 1，-2，3，-4，…；　　(2) $1-2$，$2-3$，$3-4$，$4-5$，…；

(3) $\frac{1}{1^2}$，$\frac{1}{2^2}$，$\frac{1}{3^2}$，$\frac{1}{4^2}$，…；　　(4) $\sqrt{1}$，$\sqrt{2}$，$\sqrt{3}$，$\sqrt{4}$，…；

(5) $1-\frac{1}{2}$，$\frac{1}{2}-\frac{1}{3}$，$\frac{1}{3}-\frac{1}{4}$，$\frac{1}{4}-\frac{1}{5}$，…；　　(6) $\frac{1}{2}$，$-\frac{3}{4}$，$\frac{5}{6}$，$-\frac{7}{8}$，…；

(7) 2，0，2，0，….

第二节　等差数列

一、等差数列的定义

我们先来看几个数列：

全国统一鞋号中成年女鞋的各种尺码(表示鞋底长，单位:cm)分别是

$$21,\ 21\frac{1}{2},\ 22,\ 22\frac{1}{2},\ 23,\ 23\frac{1}{2},\ 24,\ 24\frac{1}{2},\ 25. \tag{1}$$

某剧场前10排的座位数分别是：

$$38,\ 40,\ 42,\ 44,\ 46,\ 48,\ 50,\ 52,\ 54,\ 56. \tag{2}$$

某长跑运动员7天里每天的训练量(单位:m)是：

$$7\,500,\ 8\,000,\ 8\,500,\ 9\,000,\ 9\,500,\ 10\,000,\ 10\,500. \tag{3}$$

仔细观察这三个数列，看看这些数列有什么共同的特点.我们可以看到：

对于数列(1)，从第2项起，每一项与前一项的差都等于$\frac{1}{2}$；

对于数列(2)，从第2项起，每一项与前一项的差都等于2；

对于数列(3)，从第2项起，每一项与前一项的差都等于500.

由此，我们可以看出，这三个数列都有一个共同的特点，那就是：从第2项起，每一项与前一项的差都等于同一个常数，我们把具有这种特点的数列叫作等差数列.

一般地，如果一个数列从第2项起，每一项与它的前一项的差等于同一个常数，那么这个数列叫作**等差数列**，这个常数叫作等差数列的**公差**，公差通常用字母d表示.

例如，数列2，4，6，8，…与5，0，-5，-10，…都是等差数列，它们的公差分别是2与-5.

二、等差数列的通项公式及等差中项

1. 通项公式

如果一个数列

$$a_1,\ a_2,\ a_3,\cdots,\ a_n,\cdots$$

是等差数列，它的公差是 d，那么

$$a_2=a_1+d,$$
$$a_3=a_2+d=(a_1+d)+d=a_1+2d,$$
$$a_4=a_3+d=(a_1+2d)+d=a_1+3d,$$
……

由此可知，等差数列$\{a_n\}$的通项公式是

$$a_n=a_1+(n-1)d. \tag{4-1}$$

公式(4-1)表示了等差数列的 a_1，a_n，n，d 四个量之间的关系，已知其中三个量，就可以求出另一个量.

例 1　求等差数列 12，8，4，…的第 50 项.

解　因为 $a_1=12$，$d=8-12=-4$，所以这个等差数列的通项公式是

$$a_n=12+(n-1)\times(-4)=-4n+16,$$

所以

$$a_{50}=-4\times50+16=-184.$$

例 2　等差数列 2，5，8，11，14，…的第几项是 197?

解　因为 $a_1=2$，$d=5-2=3$，$a_n=197$，所以

$$197=2+(n-1)\times3,$$

解得

$$n=66$$

即这个数列的第 66 项是 197.

例 3　已知一个等差数列中，$a_4=7$，$a_9=22$，求该数列的首项 a_1 和公差 d.

解　因为 $a_4=7$，$a_9=22$，根据等差数列的通项公式(4-1)，得

$$\begin{cases}a_1+(4-1)d=7,\\a_1+(9-1)d=22.\end{cases}$$

整理，得

$$\begin{cases}a_1+3d=7,\\a_1+8d=22.\end{cases}$$

解此方程组，得

$$a_1=-2,d=3.$$

2. 等差中项

如果在 a 与 b 之间插入一个数 A，使 a，A，b 成等差数列，那么 A 叫作 a 与 b 的**等差中项**.

如果 A 是 a 与 b 的等差中项，那么 $A-a=b-A$，所以

$$A=\frac{a+b}{2}.$$

容易看出，在一个等差数列中，从第 2 项起，每一项（有穷等差数列的末项除外）都是它的前一项与后一项的等差中项.

例 4 在-1与 7 之间插入三个数 a,b,c 使这五个数成等差数列，求此数列.

解 由$-1,a,b,c,7$ 成等差数列知 b 是-1与 7 的等差中项，于是

$$b=\frac{-1+7}{2}=3,$$

因为 a 是-1与 b 的等差中项，所以

$$a=\frac{-1+3}{2}=1,$$

又因为 c 是 b 与 7 的等差中项，所以

$$c=\frac{3+7}{2}=5,$$

因此该数列为$-1,1,3,5,7$.

三、等差数列前 n 项和的公式

先看本章引言中问题 1：$1+2+3+\cdots+100=$？高斯是这样计算的：记

$$S=1+2+3+\cdots+98+99+100,$$

将上式右端 100 项次序反过来，有

$$S=100+99+98+\cdots+3+2+1,$$

将以上式子左右对应项依次相加，得

$$2S=\overbrace{(1+100)+(2+99)+(3+98)+\cdots+(98+3)+(99+2)+(100+1)}^{100\text{对}}.$$

于是有

$$S=101\times\frac{100}{2}=5\,050.$$

再看一个例子.

图 4-2 表示堆放的钢管，共堆放了 7 层. 自上而下各层的钢管数排成一列数：

$$4,\ 5,\ 6,\ 7,\ 8,\ 9,\ 10.$$

求这堆钢管的总数.

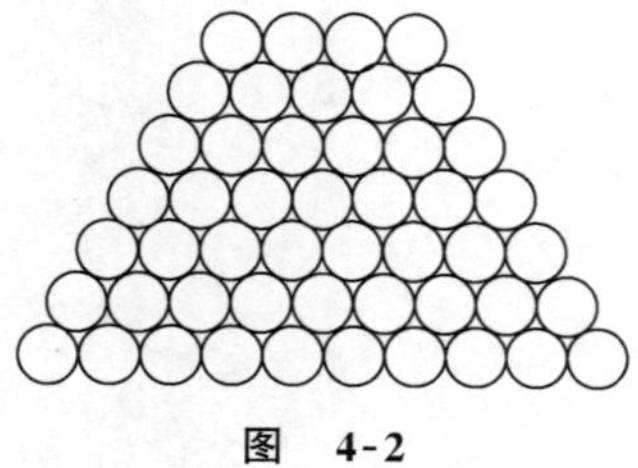

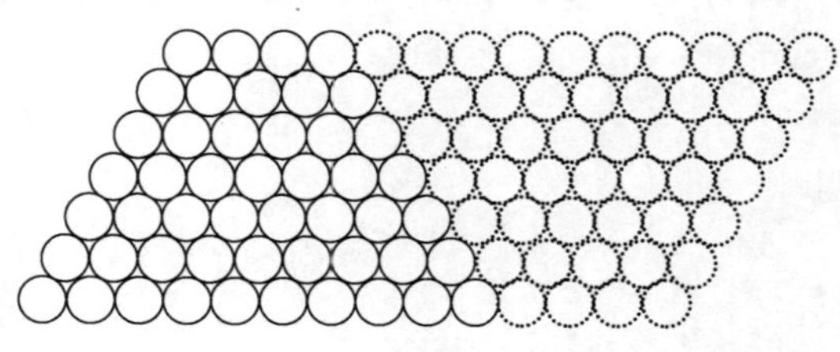
图 4-3

我们可以设想如图 4-3 那样，在这堆钢管的旁边倒放着同样的一堆钢管. 这样，每层钢管数都相等，即

$$4+10=5+9=6+8=\cdots=10+4.$$

由于共有 7 层，两堆钢管的总数是$(4+10)\times 7$，因此所求的钢管总数是

$$\frac{(4+10)\times 7}{2}=49.$$

一般地,设有等差数列

$$a_1,\ a_2,a_3,\cdots,a_n,\cdots,$$

它的前 n 项和为 S_n,即

$$S_n=a_1+a_2+a_3+\cdots+a_n.$$

根据等差数列$\{a_n\}$的通项公式,上式可以写成

$$S_n=a_1+(a_1+d)+(a_1+2d)+\cdots+[a_1+(n-1)d]; \quad (1)$$

再把项的次序反过来,S_n 又可以写成

$$S_n=a_n+(a_n-d)+(a_n-2d)+\cdots+[a_n-(n-1)d]. \quad (2)$$

把(1),(2)的两边分别相加,得

$$2S_n=\overbrace{(a_1+a_n)+(a_1+a_n)+\cdots+(a_1+a_n)}^{n\text{个}}=n(a_1+a_n).$$

由此得到等差数列$\{a_n\}$的前 n 项和的公式

$$S_n=\frac{n(a_1+a_n)}{2}. \quad (4\text{-}2)$$

这就是说,等差数列的前 n 项和等于首末两项的和与项数乘积的一半.

因为 $a_n=a_1+(n-1)d$,所以上面的公式又可以写成

$$S_n=na_1+\frac{n(n-1)}{2}d. \quad (4\text{-}3)$$

例 5　在等差数列中,已知

(1) $a_1=-4,a_8=-18$,求 S_n;

(2) $a_1=20,a_n=54,S_n=999$,求 d 及 n.

解　(1) 由等差数列的通项公式(4-1),得

$$a_8=a_1+(8-1)\times d,$$

所以

$$-18=-4+7\times d,$$

于是

$$d=-2,$$

因此,由等差数列前 n 项和的公式(4-3),得

$$S_n=-4n+\frac{n(n-1)}{2}\times(-2)=-n^2-3n.$$

(2) 将 $a_1=20,a_n=54$, $S_n=999$ 代入公式 $S_n=\frac{n(a_1+a_n)}{2}$中,得

$$999=\frac{n(20+54)}{2},$$

于是

$$n=27,$$

将 $a_1=20,a_n=54,n=27$ 代入公式 $a_n=a_1+(n-1)d$ 中,得

$$54=20+(27-1)d,$$

所以

$$d=\frac{17}{13}.$$

例 6 在等差数列中，已知 $a_1=\frac{5}{6}$，$d=-\frac{1}{6}$，$S_n=-5$，求 a_{15}.

解 由 $S_n=na_1+\frac{n(n-1)}{2}d$，得

$$-5=n\times\frac{5}{6}+\frac{n(n-1)}{2}\times\left(-\frac{1}{6}\right).$$

于是

$$n=15,$$

所以

$$a_{15}=a_1+(n-1)d=\frac{5}{6}+14\times\left(-\frac{1}{6}\right)=-\frac{3}{2}.$$

四、等差数列的简单应用

例 7 小王看一本故事书，第一天看了 12 页，以后每天都比前一天多看了 1 页，第 20 天正好将这本书看完，这本书有多少页？

解 用$\{a_n\}$表示小王每天看的故事书的页数，则小王每天看的故事书的页数构成等差数列，由已知条件，有

$$a_1=12, d=1, n=20 .$$

由等差数列的前 n 项和公式，得

$$S_n=na_1+\frac{n(n-1)}{2}d=20\times12+\frac{20\times19}{2}\times1=430.$$

所以此本故事书共有 430 页.

例 8 已知：一个直角三角形的三条边的长度成等差数列. 求证：它们的比是 3∶4∶5.

分析 当已知三个数成等差数列时，可将这三个数表示为

$$a-d, a, a+d,$$

其中 d 是公差. 由于这样表示具有对称性，运算时往往容易化简. 这样表示后，可根据勾股定理得出它们之间的关系.

证明 设这个直角三角形的三边长分别为

$$a-d, a, a+d,$$

根据勾股定理，得

$$(a-d)^2+a^2=(a+d)^2.$$

解得

$$a=4d.$$

于是这个直角三角形的三边长是

$$3d, 4d, 5d.$$

即这个直角三角形三边长的比是 3∶4∶5.

例 9 某体育馆西侧看台有 30 排座位，后面一排都比前面一排多 2 个座位，最后一排有 132 个座位，体育馆西侧看台第一排有多少个座位？西侧看台共有多少个座位？

解 根据题意，看台座位数构成等差数列，

$$n=30, \quad d=2, \quad a_{30}=132,$$

由 $a_n=a_1+(n-1)d$，得

$$132=a_1+(30-1)\times 2,$$

于是

$$a_1=74,$$

因此

$$S_{30}=\frac{n(a_1+a_n)}{2}=\frac{30\times(74+132)}{2}=3\,090(\text{个}),$$

所以体育馆西侧看台第一排有 74 个座位，西侧看台共有 3 090 个座位.

例 10　如图 4-4 所示，一个堆放铅笔的 V 形架的最下面一层放一支铅笔，往上每一层都比它下面一层多放一支，最上面放 120 支，这个 V 形架上共放多少支铅笔？

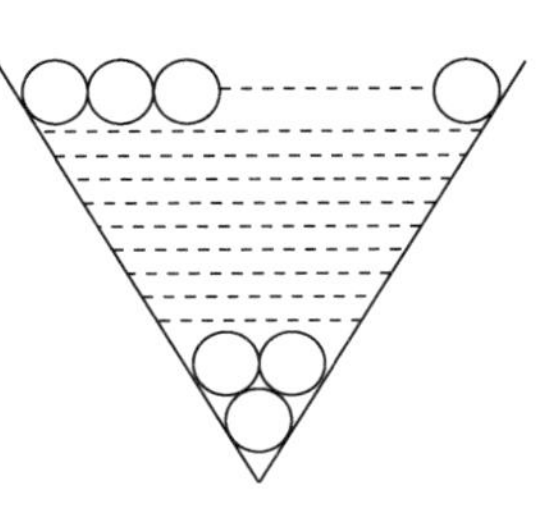

图　4-4

解　由题意可知，这个 V 形架上共放 120 层铅笔，且自下而上各层的铅笔数组成等差数列，记为 $\{a_n\}$，其中 $a_1=1, d=1, n=120, a_{120}=120$.

根据等差数列前 n 项和公式，得

$$S_{120}=\frac{n(a_1+a_n)}{2}=\frac{120\times(1+120)}{2}=7\,260.$$

即 V 形架上共放着 7 260 支铅笔.

例 11　一辆双层公共汽车有 66 个座位，空车出发，第一站上一位乘客，第二站上两位乘客，第三站上三位乘客，以此类推，第几站后，车上坐满乘客？

解　每站上车的乘客数组成一个等差数列 $\{a_n\}$，则

$$a_1=1,\ d=1,\ S_n=66.$$

由 $S_n=na_1+\frac{n(n-1)}{2}d$，得

$$66=1\times n+\frac{n(n-1)}{2}\times 1,$$

解得

$$n=11,$$

因此，到第 11 站后，车上坐满乘客.

例 12　小丸子玩投放石子游戏，从 A 出发走 1 米放 1 枚石子，第二次走 4 米又放 3 枚石子，第三次走 7 米再放 5 枚石子，再走 10 米放 7 枚石子，照此规律最后走到 B 处放下 35 枚石子. 问从 A 到 B 路程有多远？

解　设小丸子每次所在路程构成等差数列 $\{a_n\}$，每次投放的石子数构成等差数列 $\{b_n\}$，则由题意可知，

$$a_n=1+(n-1)\times 3, b_n=1+(n-1)\times 2,$$

对于数列 $\{b_n\}$，有

$$35=1+(n-1)\times 2,$$

解得

$$n=18,$$

于是，对于数列 $\{a_n\}$，有

$$S_{18}=1\times 18+\frac{18\times 17}{2}\times 3=477,$$

即从 A 到 B 路程有 477 米.

习 题 4-2

1. (1) 求等差数列 3，7，11，…的第 4 项与第 10 项；
   (2) 求等差数列 10，8，6，…的第 20 项.
2. 由下列等差数列的通项公式，求首项和公差：
   (1) $a_n=3n+6$；　　(2) $a_n=-2n+7$.
3. 在等差数列$\{a_n\}$中：
   (1) 已知 $d=-\frac{1}{3}$，$a_7=8$，求 a_1；　　(2) 已知 $a_1=12$，$a_6=27$，求 d；
   (3) 已知 $a_1=2$，$d=3$，$n=10$，求 a_n；　　(4)已知 $a_1=3$，$a_n=21$，$d=2$，求 n.
4. 求下列各组数的等差中项：
   (1) 647 与 895；　　(2) -180 与 360.
5. (1) 已知等差数列$\{a_n\}$的第 1 项是 5.6，第 6 项是 20.6，求它的第 4 项；
   (2) 一个等差数列第 3 项是 9，第 9 项是 3，求它的第 12 项.
6. 根据下列各题中的条件，求相应的等差数列$\{a_n\}$的 S_n：
   (1) $a_1=5$，$a_n=95$，$n=10$；　　(2) $a_1=100$，$d=-2$，$n=50$；
   (3) $a_1=14.5$，$d=0.7$，$a_n=32$.
7. (1) 求正整数列中前 n 个数的和；
   (2) 求正整数列中前 n 个奇数的和.
8. 求等差数列 10，7，4，…，-47 各项的和.
9. 一个等差数列的第 6 项是 5，第 3 项与第 8 项的和也是 5. 求这个等差数列前 9 项的和.
10. (1) 设等差数列$\{a_n\}$的通项公式是 $a_n=3n-2$，求它的前 n 项和公式；
    (2) 设等差数列$\{a_n\}$的前 n 项和公式是 $S_n=5n^2+3n$，求它的前 3 项，并求它的通项公式.
11. 三个数成等差数列，它们的和等于 18，平方和等于 116，求这三个数.
12. 在 7 和 35 之间插入 6 个数，使它们和已知的两数成等差数列.

13. 全国统一鞋号中成年男鞋共有 14 种尺码，其中最小的尺码是 $23\frac{1}{2}$ cm，相邻的两个尺码都相差 $\frac{1}{2}$ cm，把全部尺码从小到大列出.

14. 安装在一个公共轴上的 5 个皮带轮的直径成等差数列，其中最大的与最小的皮带轮的直径分别是 216 mm 与 120 mm，求中间三个皮带轮的直径.

15. 一个剧场设置了 20 排座位，第一排有 38 个座位，往后每一排都比前一排多 2 个座位. 这个剧场一共设置了多少个座位？

第三节　等比数列

一、等比数列的定义

前面关于在国际象棋棋盘各格子里放麦粒的问题中，得到的数列是

$$1，2，4，8，\cdots，2^{63}. \tag{1}$$

此外，再来看两个数列.

某市近十年的国内生产总值从 2 000 亿元开始，每年以 10% 的速度增长，近十年的国内生产总值(单位：亿元)分别是：

$$2000,\ 2000\times1.1,\ 2000\times1.1^2,\ \cdots,\ 2000\times1.1^9. \tag{2}$$

某种汽车购买时的价格是15万元，每年的折旧率是10%，这辆车各年开始时的价值(单位:万元)分别是：

$$15,\ 15\times0.9,\ 15\times0.9^2,\ 15\times0.9^3,\ \cdots. \tag{3}$$

观察一下，上面数列有以下特点：

对于数列(1)，从第二项起，每一项与它的前一项的比都等于2；

对于数列(2)，从第二项起，每一项与它的前一项的比都等于1.1；

对于数列(3)，从第二项起，每一项与它的前一项的比都等于0.9.

这些数列具有这样的共同特点:从第2项起，每一项与它的前一项的比都等于同一个常数.

一般地，如果一个数列从第2项起，每一项与它前一项的比都等于同一个常数，那么这个数列就叫作**等比数列**，这个常数叫作等比数列的**公比**，公比通常用字母q表示($q\neq0$).

例如，数列

$$1,\ 3,\ 9,\ 27,\ 81,\cdots;$$

$$1,\ -\frac{1}{2},\ \frac{1}{4},\ -\frac{1}{8},\cdots$$

都是等比数列，它们的公比分别是3与$-\frac{1}{2}$.

二、等比数列的通项公式及等比中项

1. 通项公式

设等比数列$\{a_n\}$的首项为a_1，公比为q.因为在一个等比数列$\{a_n\}$里，从第2项起，每一项与它的前一项的比都等于公比q，即

$$q=\frac{a_2}{a_1}=\frac{a_3}{a_2}=\cdots=\frac{a_n}{a_{n-1}}=\cdots,$$

所以从第2项起，每一项都等于它的前一项乘以公比q，即

$$a_2=a_1q,$$

$$a_3=a_2q=(a_1q)q=a_1q^2,$$

$$a_4=a_3q=(a_1q^2)q=a_1q^3,$$

$$\cdots\cdots$$

由此可知，等比数列$\{a_n\}$的通项公式是

$$a_n=a_1q^{n-1}. \tag{4-4}$$

公式(4-4)表示了等比数列的a_1,q,n,a_n四个量之间的关系，已知其中的三个量，可以求出另外一个量.

例如，上面数列(1)的首项是1，公比是2，它的通项公式是

$$a_n=1\times2^{n-1}=2^{n-1}(n\leqslant64).$$

例1　等比数列的前三项依次是1、3、9，求此数列的第6项.

解　因为在等比数列中，$a_1=1,q=3$，所以它的通项公式为

$$a_n=1\times3^{n-1}=3^{n-1},$$

于是

$$a_6=3^{6-1}=3^5=243.$$

例 2 在等比数列$\{a_n\}$中，如果 $a_6=6,a_9=9$，求 a_3.

解 根据等比数列的通项公式 $a_n=a_1q^{n-1}$，有

$$\begin{cases}a_6=a_1q^5\\a_9=a_1q^8\end{cases},$$

而

$$a_3=a_1q^2,$$

因此

$$\frac{a_9}{a_6}=\frac{a_6}{a_3},$$

所以

$$a_3=\frac{a_6^2}{a_9}=\frac{6^2}{9}=4.$$

例 3 已知$\{a_n\}$为等比数列，$a_3=2,a_2+a_4=\frac{20}{3}$，求$\{a_n\}$的通项公式.

解 设 $a_n=a_1q^{n-1}$，$a_2=\frac{a_3}{q}=\frac{2}{q}$，$a_4=a_3q=2q$，将它们代入

$$a_2+a_4=\frac{20}{3},$$

得

$$\frac{2}{q}+2q=\frac{20}{3},$$

解得

$$q=3 \text{ 或 } q=\frac{1}{3},$$

由 $a_3=a_1q^2=2$，得

$$a_1=\frac{2}{9} \text{或} a_1=18,$$

因此等比数列$\{a_n\}$的通项公式为

$$a_n=\frac{2}{9}\times 3^{n-1} \text{或} a_n=18\times\left(\frac{1}{3}\right)^{n-1}.$$

2. 等比中项

如果在数 a 与 b 中间插入一个数 G，使 a,G,b 成等比数列，那么 G 叫作数 a 与 b 的**等比中项**.

如果数 G 是 a 与 b 的等比中项，那么$\frac{G}{a}=\frac{b}{G}$，即

$$G^2=ab \text{ 或 } G=\pm\sqrt{ab}.$$

反过来，如果 a,b 同号，G 等于 $\sqrt{ab}$或$-\sqrt{ab}$，即 $G^2=ab$，那么 G 是 a 与 b 的等比中项.

显然，只有同号的两个数才存在等比中项，而且等比中项有两个，它们是互为相反数.

例如，4 与 -4 都是 2 和 8 的等比中项.

容易看出，一个等比数列从第 2 项起，每一项(有穷等比数列的末项除外)是它的前一项与后一项的等比中项.

例 4　求$\frac{\sqrt{3}+\sqrt{2}}{2}$与$\frac{\sqrt{3}-\sqrt{2}}{2}$的等比中项.

解　由 $G^2=ab$,得

$$G^2=\frac{\sqrt{3}+\sqrt{2}}{2}\times\frac{\sqrt{3}-\sqrt{2}}{2}=\frac{1}{4},$$

所以

$$G=\pm\frac{1}{2}.$$

因此$\frac{\sqrt{3}+\sqrt{2}}{2}$与$\frac{\sqrt{3}-\sqrt{2}}{2}$的等比中项为$\pm\frac{1}{2}$.

三、等比数列前 n 项和的公式

设等比数列为

$$a_1,a_2,a_3,\cdots,a_n,\cdots,$$

它的前 n 项和是

$$S_n=a_1+a_2+a_3+\cdots+a_n.$$

根据等比数列的通项公式,上式可写成

$$S_n=a_1+a_1q+a_1q^2+\cdots+a_1q^{n-2}+a_1q^{n-1}. \tag{1}$$

我们知道,把等比数列的任一项乘以公比,就可得到它后面相邻的一项.现将(1)式的两边分别乘以公比 q,得到

$$qS_n=a_1q+a_1q^2+a_1q^3+\cdots+a_1q^{n-1}+a_1q^n. \tag{2}$$

比较(1)、(2)两式,我们看到(1)式的右边从第 2 项到最后一项,与(2)式的右边的第 1 项到倒数第 2 项完全相同.于是将(1)式的两边分别减去(2)式的两边,消去相同的项,得

$$(1-q)S_n=a_1-a_1q^n.$$

当 $q\neq1$ 时,等比数列$\{a_n\}$的前 n 项和的公式为

$$S_n=\frac{a_1(1-q^n)}{1-q}. \tag{4-5}$$

因为

$$a_1q^n=(a_1q^{n-1})q=a_nq,$$

所以上面的公式还可以写成

$$S_n=\frac{a_1-a_nq}{1-q}. \tag{4-6}$$

很显然,当 $q=1$ 时,$S_n=na_1$.

求等比数列前 n 项之和,当已知 a_1,q,n 时,用公式(4-5),当已知 a_1,q,a_n 时,用公式(4-6).在这两个公式中,都涉及四个量之间的关系,只要知道其中任意三个量,就可求出第四个量.

可以用上面的公式直接解本章引言中的问题 2:因为 $a_1=1,q=2,n=64$,所以

$$S_{64}=\frac{1\times(1-2^{64})}{1-2}=2^{64}-1.$$

$2^{64}-1$ 这个数很大,超过了 1.84×10^{19},假定千粒麦子的质量为 40 g,那么麦粒的总质量超过了 7 000 亿吨.因此当国王明白这一情况时,他是不可能同意国际象棋发明者的要求的.

例 5 求等比数列$\frac{1}{2}$，$-\frac{1}{4}$，$\frac{1}{8}$，$-\frac{1}{16}\cdots$的前 9 项的和.

解 由 $a_1=\frac{1}{2}, q=-\frac{1}{2}, n=9$，得

$$S_9=\frac{\frac{1}{2}\left(1-\left(-\frac{1}{2}\right)^9\right)}{1-\left(-\frac{1}{2}\right)}=\frac{171}{512}.$$

例 6 求等比数列 1,2,4,…从第 5 项到第 10 项的和.

解 数列的第 5 项到第 10 项的和为

$$a_5+a_6+a_7+a_8+a_9+a_{10}=S_{10}-S_4,$$

由 $a_1=1, q=2$，得

$$S_n=\frac{a_1(1-q^n)}{1-q}=2^n-1,$$

所以

$$S_{10}=2^{10}-1=1\,023, S_4=2^4-1=15,$$

因此

$$S_{10}-S_4=1\,008,$$

即此数列第 5 项到第 10 项的和为 1 008.

四、等比数列的简单应用

例 7 在 2 与 32 之间插入三个正数，使它们和这两个数成等比数列，求此三个数.

解 由题意知，此 5 个数组成一个等比数列，记为$\{a_n\}$，其中 $a_1=2$，$a_5=32$. 因此有

$$32=2q^4,$$

所以

$$q^4=16,$$

解得

$$q=2 \text{ 或 } q=-2(\text{舍去}).$$

所以，所求三个数为 4，8，16.

例 8 “远望巍巍塔七层，红灯点点倍加增.共灯三百八十一，请问尖头几盏灯.”（选自明朝著名数学家吴敬的九章算法比类大全）.

解 每一层的灯的盏数构成了以顶层的灯的盏数为首项，以 2 为公比的等比数列，已知该数列的前 7 项的和为 381，则

$$\frac{a_1(1-2^7)}{1-2}=381,$$

解得

$$a_1=3.$$

例 9 已知某工厂第一个月的产值为 a，第十个月的产值为 b，且 $b>a>0$，如果每个月比前一个月的产值数增加的百分比相同，求这十个月的总产值.

解 如果每个月比前一个月的产值数增加的百分比相同，那么每个月的产值数构成等比数列. 则

$$q^9=\frac{b}{a},$$

于是

$$q=\left(\frac{b}{a}\right)^{\frac{1}{9}},$$

所以

$$S_{10}=\frac{a\left[1-\left(\frac{b}{a}\right)^{\frac{10}{9}}\right]}{1-\left(\frac{b}{a}\right)^{\frac{1}{9}}}.$$

例 10　为保护我国的稀土资源,国家限定某矿区的出口总量不能超过 80 吨,该矿区计划从 2010 年开始出口,当年出口 a 吨,以后每年出口量均比上一年减少 10%,(1)以 2010 年为第一年,设第 n 年出口量为 a_n 吨,试求 a_n 的表达式;(2)因稀土资源不能再生,国家计划 10 年后终止该矿区的出口,问 2010 年最多出口多少吨?(保留一位小数,参考数据:$0.9^{10}\approx 0.35$.)

解　(1) 由题意知每年的出口量构成等比数列,且首项 $a_1=a$,公比为

$$q=1-10\%=0.9,$$

所以

$$a_n=aq^{n-1}=0.9^{n-1}a.$$

(2) 10 年出口总量为

$$S_{10}=\frac{a(1-0.9^{10})}{1-0.9}=10a(1-0.9^{10}),$$

由

$$S_{10}\leqslant 80,$$

知

$$10a(1-0.9^{10})\leqslant 80,$$

所以

$$a\leqslant\frac{8}{1-0.9^{10}}\approx 12.3.$$

故 2010 年最多出口 12.3 吨.

习 题 4-3

1. 求下面等比数列的公比和第 5 项:

(1) 5, −15, 45,…;　　(2) 2, 6, 18,…;

(3) $\frac{2}{3}$, $\frac{1}{2}$, $\frac{3}{8}$, …;　　(4) $\sqrt{2}$, 1, $\frac{\sqrt{2}}{2}$,….

2. 由下列等比数列的通项公式,求首项与公比:

(1) $a_n=2^n$;　　(2) $a_n=\frac{1}{4}\times 10^n$.

3. (1) 一个等比数列的第 9 项是 $\frac{4}{9}$,公比是 $-\frac{1}{3}$,求它的第 1 项;

(2) 一个等比数列的第 2 项是 10,第 3 项是 20,求它的第 1 项与第 4 项.

4. (1) 已知等比数列 $\{a_n\}$ 的 $a_2=2$, $a_5=54$,求 q;

（2）已知等比数列$\{a_n\}$的$a_2=1$，$a_n=128$，$q=2$，求n.

5.（1）求45与80的等比中项；

（2）已知b是a与c的等比中项，且$abc=27$，求b.

6. 在等比数列$\{a_n\}$中：

（1）$a_4=27$，$q=-3$，求a_7；（2）$a_2=18$，$a_4=8$，求a_1与q；

（3）$a_5=4$，$a_7=6$，求a_9；（4）$a_5-a_1=15$，$a_4-a_2=6$，求a_3.

7. 根据下列各题中的条件，求相应的等比数列$\{a_n\}$的S_n：

（1）$a_1=3$，$q=2$，$n=6$；（2）$a_1=2.4$，$q=-1.5$，$n=5$；

（3）$a_1=8$，$q=\frac{1}{2}$，$a_n=\frac{1}{2}$；（4）$a_1=-2.7$，$q=-\frac{1}{3}$，$a_n=\frac{1}{90}$.

8.（1）求等比数列1，2，4，…从第5项到第10项的和；

（2）求等比数列$\frac{3}{2}$，$\frac{3}{4}$，$\frac{3}{8}$，…从第3项到第7项的和.

9. 在等比数列$\{a_n\}$中，如果$a_7-a_5=a_6+a_5=48$，求a_1，q，S_{10}.

10. 在等比数列$\{a_n\}$中：

（1）已知$a_1=-1.5$，$a_4=96$，求q与S_4；

（2）已知$q=\frac{1}{2}$，$S_5=3\frac{7}{8}$，求a_1与a_5；

（3）已知$a_1=2$，$S_3=26$，求q与a_3；

（4）已知$a_3=1\frac{1}{2}$，$S_3=4\frac{1}{2}$，求a_1与q.

11. 已知等比数列$\{a_n\}$前3项的和是$\frac{9}{2}$，前6项的和是$\frac{14}{3}$，求首项a_1与公比q.

12. 在9与243之间插入2个数，使这4个数成等比数列.

13. 求和：

（1）$(2-1)+(2^2-2)+\cdots+(2^n-n)$；

（2）$(2-3\times5^{-1})+(4-3\times5^{-2})+\cdots+(2n-3\times5^{-n})$.

14. 三个数成等比数列，它们的和等于14，它们的积等于64，求此三个数.

15. 某企业今年的产值是138万元，计划今后每年比上一年产值增加10%，从今年起，第5年这个企业的产值是多少？这5年的总产值是多少(精确到万元)？

复习题四

1. 判断题：

（1）等差数列的公差不能为零. （ ）

（2）任意两个实数都有等差中项. （ ）

（3）等差数列$\{a_n\}$中，$a_{n-1}=-6$，$a_{n+1}=6$，则$a_n=0$. （ ）

（4）等比数列的公比可以为零. （ ）

（5）存在既是等差又是等比的数列. （ ）

（6）任意两个实数都有等比中项. （ ）

（7）若$\{a_n\}$是等差数列，则$a_1+a_9=a_3+a_7=2a_5$. （ ）

（8）若数列$\{a_n\}$的通项公式是$a_n=3n+1$，则此数列不是等差数列. （ ）

（9）如果数列$\{a_n\}$和$\{b_n\}$都成等差数列，则$\{a_n+b_n\}$也成等差数列. （ ）

（10）一个等比数列的各项都是正数，则这个数列各项的对数组成等差数列. （ ）

2. 填空题：

(1) 等差数列 18，14，10，6，…的第 6 项 $a_6=$________.

(2) 等比数列 15，-5，$\frac{5}{3}$，$-\frac{5}{9}$，…的通项公式 $a_n=$________.

(3) 已知数列的通项公式为 $a_n=\frac{2}{n^2+n}$，它的第 3 项是________，$\frac{1}{10}$是它的第________项.

(4) 数列的前 n 项和 $S_n=3n^2+4n$，则 $a_8=$________，$a_n=$________.

(5) 在等比数列中，若 $a_1a_4=4$，则 $a_2a_3=$________.

(6) 在数列$\{a_n\}$中 $a_1=2$，$a_{17}=66$，通项公式是关于 n 的一次函数，则此数列的通项公式是________.

(7) 等差数列的第一项是 3，若前 3 项的和等于前 15 项的和，则公差 $d=$________.

(8) 等比数列的 $q=-2$，$a_5=32$，则 $a_1=$________.

(9) $7+2\sqrt{3}$与 $7-2\sqrt{3}$的等比中项是________.

3. 选择题：

(1) 1，3，6，10 的一个通项公式是（　　）.

A. $a_n=n^2-n+1$　　B. $a_n=n^2-1$　　C. $a_n=\frac{n(n+1)}{2}$　　D. $a_n=\frac{n(n-1)}{2}$

(2) 数列 0，0，0，…，0，…（　　）.

A. 是等差数列但不是等比数列　　B. 是等比数列但不是等差数列

C. 既是等差数列又是等比数列　　D. 既不是等差数列又不是等比数列

(3) 若数列$\{a_n\}$为等差数列，则（　　）.

A. $a_n+a_{n+1}=$常数　　B. $a_{n+1}-a_n=$常数

C. $a_{n+1}-a_n=$正数　　D. $a_{n+1}-a_n=$负数

(4) 数列$\{a_n\}$为等比数列，则（　　）.

A. $\frac{a_{n+1}}{a_n}=$常数　　B. $a_na_{n+1}=$常数　　C. $\frac{a_n}{a_{n+1}}=$正数　　D. $\frac{a_n}{a_{n+1}}=$负数

(5) 已知等差数列 $a_1+a_6=7$，则 S_6 是（　　）.

A. 6　　B. 21　　C. 42　　D. 18

(6) 等差数列$\{a_n\}$中，若 $a_1-a_4-a_8-a_{12}+a_{15}=2$，则 S_{15}等于（　　）.

A. -30　　B. 15　　C. -60　　D. -15

(7) 以下命题正确的是（　　）.

A. 无穷数列一定是无界数列　　B. 有穷数列一定是有界数列

C. 无穷递增数列一定是无界数列　　D. 有界数列一定是有穷数列

(8) 在等比数列$\{a_n\}$中，$a_1+a_2=3$，$q=2$，则 a_5 等于（　　）.

A. 64　　B. 32　　C. 16　　D. -16

(9) 若数列$\{a_n\}$的前 n 项和 $S_n=n^2$，则这个数列的前 4 项依次是（　　）.

A. 1，3，5，7　B. -1，3，-5，0　C. 1，-3，5，0　D. -1，-3，-5，0

(10) 公差不为零的等差数列的第一、二、五项构成等比数列，则公比等于（　　）.

A. 1　　B. 2　　C. 3　　D. 4

4. 写出数列的一个通项公式，使它的前 4 项分别是下列各数：

(1) $1+\frac{1}{2^2}$，$1-\frac{3}{4^2}$，$1+\frac{5}{6^2}$，$1-\frac{7}{8^2}$；　(2) 0，$\sqrt{2}$，0，$\sqrt{2}$.

5. 已知无穷数列 $1\times2, 2\times3, 3\times4, 4\times5, \cdots, n(n+1), \cdots$

(1) 求这个数列的第 10 项、第 31 项和第 48 项；

(2) 420 是这个数列的第几项？

6. 实数 a，b，$5a$，7，$3b$，$\cdots$，c 组成等差数列，且 $a+b+5a+7+3b+\cdots+c=2500$，求实数 a,b,c 的值.

7. (1) 在正整数集合中有多少个三位数？求它们的和.

(2) 在三位正整数的集合中有多少个数是 7 的倍数？求它们的和.

(3) 求等差数列 13，15，17，…，81 的各项的和.

8. 由数列 1，$1+2+1$，$1+2+3+2+1$，$1+2+3+4+3+2+1$，…前 4 项的值，推测第 n 项 $a_n=1+2+3+\cdots+(n-1)+n+(n-1)+\cdots+3+2+1$ 的结果，并给出证明.

9. (1) 在等差数列$\{a_n\}$中，$a_{10}=100$，$a_{100}=10$，求 a_{110}；

(2) 在等差数列$\{a_n\}$中，$S_{10}=100$，$S_{100}=10$，求 S_{110}.

10. 成等差数列的三个正数的和等于 15，并且这三个数分别加上 1，3，9 后又成等比数列，求这三个数.

11. 依次排列的四个数，其和为 13，第四个数是第二个数的 3 倍，前三个数成等比数列，后三个数成等差数列，求这四个数.

12. 已知等比数列$\{a_n\}$，$a_n=1296$，$q=6$，$S_n=1554$，求 n 和 a_1.

13. 在等比数列$\{a_n\}$的前 n 项中，a_1 最小，且 $a_1+a_n=66$，$a_2a_{n-1}=128$，前项和 $S_n=126$，求和公比 q.

14. 已知$\{a_n\}$是首项为 a_1，公差为 d 的等差数列，$\{b_n\}$是首项为 b_1，公比为 q 的等比数列，求数列$\{a_n+b_n\}$的第 13 项.

15. 已知 a,b,c,d 成等比数列(公比为 q)，求证：

(1) 如果 $q\neq1$，那么 $a+b,b+c,c+d$ 成等比数列；

(2) $(a-d)^2=(b-c)^2+(c-a)^2+(d-b)^2$.

16. 某长跑运动员 7 天里每天训练量(单位：m)：

7500	8000	8500	9000	9500	10000	10500

求这位长跑运动员 7 天共跑了多少米？

17. 一个多边形的周长等于 158 cm，所有各边的长成等差数列，最大的边长等于 44 cm，公差等于 3 cm，求多边形的边数.

18. 在通常情况下，从地面到 10000m 高空，每增加 1 km，气温就下降某一固定数值. 如果 1 km 高度的气温是 8.5℃，5 km 高度的气温是 −17.5℃，求 2 km、4 km 及 8 km 高度的气温.

19. 打一口 30 米深的井，在打第 1 米深的时候需要 40 分钟，打第 2 米深的时候需要 50 分钟，以后每打下一米都比它前一米多用 10 分钟，问打最后一米要用多长时间？打完这口井，总共需要多长时间？

20. 某企业今年生产某种机器 1080 台，计划到后年，把产量提高到每年生产机器 1920 台. 如果每一年比上一年增长的百分率相同，这个百分率是多少(精确到 1%)？

21. 画一个边长为 2 cm 的正方形,再以这个正方形的对角线为边画第二个正方形,以第二个正方形的对角线为边画第三个正方形,这样一共画了十个正方形,求:

(1) 第十个正方形的面积;　　(2) 这十个正方形的面积的和.

22. 抽气机的活塞每一次运动,从容器里抽出$\frac{1}{8}$的空气,因而使容器里的空气的压强降低为原来的$\frac{7}{8}$.已知最初容器里的压强是 760 mmHg,求活塞 5 次运动后,容器里空气的压强.

第五章　排列、组合、二项式定理

问题1:从某班50名同学中任选6名同学,参加学校的座谈会,共有多少种选法?

问题2:从某班50名同学中任选6名同学,分别担任6门不同课程的课代表,共有多少种不同选法?

在这两个问题中,有一个共同的特征:从一个集体中选出一小部分.不同的是,问题1只要选出一小部分即可以了;而问题2中不但要选出一小部分而且要将这一小部分排好顺序.这就是本章要解决的问题,即排列、组合问题.

排列与组合问题对数学的发展产生过巨大的影响.由于计算机的发展和应用,排列组合知识的应用更加广泛.排列、组合的知识是学习二项式定理的基础,又是学习概率、统计的基础.本章将介绍两个基本原理,排列、组合的概念,排列种数、组合种数的计算公式和二项式定理等内容.

第一节　两个基本原理

一、加法原理

我们先看下面的问题:

某人从甲地去乙地,他可以乘火车,可以乘汽车,也可以乘轮船.如果一天中,火车有5班,汽车有4班,轮船有3班,那么一天中乘坐这些交通工具从甲地到乙地,共有多少种不同的走法?

事实上,在一天中,从甲地到乙地有三类办法,第一类是乘火车,第二类是乘汽车,第三类是乘轮船.乘火车有5种方法,乘汽车有4种方法,乘轮船有3种方法,以上每一种方法,都可以从甲地到达乙地.因此,一天当中乘坐这些交通工具从甲地到乙地的走法,共有

$$5+4+3=12(种).$$

一般地,有如下原理:

加法原理　完成一件事,有n类办法,在第一类办法中有m_1种不同的方法,在第二类办法中有m_2种不同的方法,…,在第n类办法中有m_n种不同的方法,那么完成这件事共有

$$N=m_1+m_2+\cdots+m_n$$

种不同的方法.

例1　用1角、2角和5角的三种人民币(每种的张数没有限制)组成1元钱,有多少种方法?

解　把组成方法分成三大类:

第一类只取一种人民币组成1元,有$m_1=3$种方法:(1)10张1角;(2)5张2角;(3)2张5角.

第二类取两种人民币组成1元,有$m_2=5$种方法:(1)1张5角和5张1角;(2)一张2角和8张1角;(3)2张2角和6张1角;(4)3张2角和4张1角;(5)4张2角和2张1角.

第三类：取三种人民币组成 1 元，有 $m_3=2$ 种方法：(1)1 张 5 角、1 张 2 角和 3 张 1 角；(2)1 张 5 角、2 张 2 角和 1 张 1 角.

运用加法原理，所以共有组成方法

$$N=m_1+m_2+m_3=3+5+2=10(\text{种}).$$

二、乘法原理

我们再看下面的例子：

由 A 地去 C 地，中间必须经过 B 地，且已知由 A 地到 B 地有 3 条路可走，再由 B 地到 C 地有 2 条路可走(如图 5-1 所示)，那么由 A 地经 B 地到 C 地有多少种不同的走法？

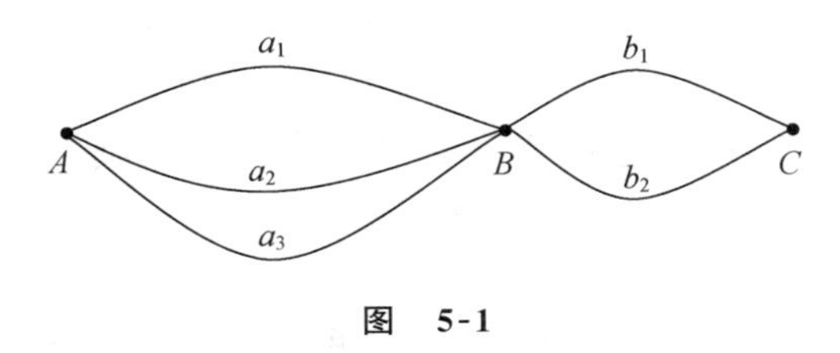

图　5-1

这里，从 A 地到 C 地不能由一个步骤直接到达，必须经过 B 地这一步骤，从 A 地到 B 地有 3 种不同的走法，分别用 a_1,a_2,a_3 表示，而从 B 地到 C 地有 2 种不同的走法，分别用 b_1,b_2 表示. 所以从 A 地经 B 地到 C 地的全部走法有：

$$a_1b_1,a_1b_2,a_2b_1,a_2b_2,a_3b_1,a_3b_2$$

共计 6 种，就是从 A 地到 B 地的 3 种走法与从 B 地到 C 地的 2 种走法的乘积，即

$$3\times2=6(\text{种}).$$

一般地，有如下原理：

乘法原理　完成一件事，需要分成 n 个步骤，做第一步有 m_1 种不同的方法，做第二步有 m_2 种不同的方法，……，做第 n 步有 m_n 种不同的方法，那么完成这件事共有

$$N=m_1\times m_2\times\cdots\times m_n$$

种不同的方法.

例 2　某人到食堂去买饭菜，食堂里有 4 种荤菜，3 种蔬菜，2 种汤. 他要各买一样，共有多少种不同的买法？

解　把买饭菜分为三步走：

第一步：选汤有 $m_1=2$ 种方法.

第二步：选荤菜有 $m_2=4$ 种方法.

第三步：选蔬菜有 $m_3=3$ 种方法.

运用乘法原理，可得共有不同的买法种数为

$$N=m_1\times m_2\times m_3=2\times4\times3=24(\text{种}).$$

本题也可以这样理解：每种选汤方法对应的都有 4 种选荤菜的方法，汤和荤菜共有 2 个 4 种，即 8 种不同的搭配方法；荤菜和汤有 8 种不同的搭配方法，每种搭配方法，对应的都有 3 种选蔬菜的方法与其二次搭配，共有 8 个 3 种，即 24 种不同搭配方法.

上述两个基本原理的共同点，都是研究“完成一件事，共有多少种不同的方法”，它们的区别在于一个与“分类”有关，一个与“分步”有关. 如果完成一件事有 n 类办法，这 n 类办法彼此之间是相互独立的，无论哪一类办法中的哪一种方法都能独立地完成这件事，求完成这

件事的方法的总数，就用加法原理；如果完成一件事，需要分成 n 个步骤，各个步骤都不可缺少，需要依次完成所有的步骤才能完成这件事，而完成每一个步骤又各有若干方法，求完成这件事的方法的种数，就用乘法原理.

例 3 书架上放有 3 本不同的数学书，5 本不同的语文书，6 本不同的英语书.（1）若从这些书中任取一本，有多少种不同的取法？（2）若从这些书中，取数学书、语文书、英语书各一本，有多少种不同的取法？

解 （1）从书架上任取一本书，可以有 3 类办法：第一类办法是从 3 本不同数学书中任取 1 本，有 $m_1=3$ 种方法；第二类办法是从 5 本不同的语文书中任取 1 本，有 $m_2=5$ 种方法；第三类办法是从 6 本不同的英语书中任取一本，有 $m_3=6$ 种方法.

根据加法原理，得到从书架上任取一本书的不同取法种数是

$$N=m_1+m_2+m_3=3+5+6=14(\text{种}).$$

（2）从书架上任取数学书、语文书、英语书各 1 本，需要分成三个步骤完成，第一步取 1 本数学书，有 $m_1=3$ 种方法；第二步取 1 本语文书，有 $m_2=5$ 种方法；第三步取 1 本英语书，有 $m_3=6$ 种方法.

根据乘法原理，得到从书架上取数学书、语文书、英语书各 1 本的取法种数是

$$N=m_1\times m_2\times m_3=3\times5\times6=90(\text{种}).$$

习题 5-1

1. 某一件工作可以用 2 种方法完成，有 5 人会用第 1 种方法，另外有 4 人会用第 2 种方法完成，要选出 1 个人来完成这件工作，共有多少种选法？

2. 某学校高二年级有两个班. 高二（1）班、高二（2）班分别有 10 人、14 人会下象棋. 想从这个年级中选派一位学生去参加学校的象棋比赛，共有多少种选法？

3. 由数字 1，2，3，4，5 可以组成多少个四位数（各位上的数字允许重复）？

4. 某零件需依次经车、钳、铣三道工序加工. 某组现有车工、钳工、铣工各两名，问：有多少种不同的安排方法？

5. 从 A 地到 B 地有 2 条路可通，从 B 地到 C 地有 3 条路可通，从 A 地到 D 地有 4 条路可通，从 D 地到 C 地有 2 条路可通. 从 A 地到 C 地共有多少种不同的走法？

6. 一个口袋内有 5 个小球，另一个口袋内有 4 个小球，所有这些小球的颜色互不相同.

（1）从 2 个口袋内任取 1 个小球，有多少种不同的取法？

（2）从 2 个口袋内各取 1 个小球，有多少种不同的取法？

第二节 排 列

一、排列的概念

我们先看下面两个问题：

问题 1 北京、上海、广州三个民航站之间的直达航线，需要准备多少种不同的机票？

问题 2 用 4、5、6 这三个数字可以排成多少个没有重复数字的两位数？

这两个问题我们可以用乘法原理来解决.

要解决第 1 个问题，分成两步：第一步，确定始发站，有 3 种选法；第二步，从剩下的两地中选出一地为终点站，有两种选法. 根据乘法原理，往返北京、上海、广州三地的机票共有

$$3\times2=6(\text{种}).$$

列举如下：

始发站	终点站	机　　票
北京	上海 广州	北京→上海 北京→广州
上海	北京 广州	上海→北京 上海→广州
广州	北京 上海	广州→北京 广州→上海

第 2 个问题我们也把它分成两步：第一步，先选出十位上的数字，有 3 种选法；第二步，选个位上的数字，从剩下的两个数字（各位上的数字不允许重复）中任选一个放在个位上，有 2 种方法，根据乘法原理，组成上述两位数的方法共有

$$3\times2=6(\text{种}),$$

即可以组成 6 个没有重复数字的两位数. 列举如下：

十位数字	个位数字	组成的两位数
4	5 6	45 46
5	4 6	54 56
6	4 5	64 65

我们把被取的对象（如上面问题中的机票、数字中的任何一个）叫作**元素**. 上面两个例子所考察的对象与研究的问题是不同的. 但是，如果抽去它们的实际意义，那么它们都可以概括为从 3 个不同的元素中，每次取出 2 个元素，按照一定的顺序排成一列，共有多少种不同的排法的问题.

一般地，对于这类问题，给出如下定义：

从 n 个不同的元素中，任取 $m(m\leqslant n)$ 个不同元素，按照一定的顺序排成一列，叫作**从 n 个不同的元素中取出 m 个不同元素的一个排列**.

从上述排列定义可以知道，两个排列相同，是指不仅这两个排列所含的元素要完全相同，而且元素排列的顺序也要完全相同. 如果两个排列里所含的元素不完全相同，如机票，“北京到上海”和“北京到广州”自然是两个不同的排列. 即使所含的元素完全相同，但排列的顺序不同，它们也是不同的排列. 例如，两位数 46 与 64，虽然它们的元素都是 4 和 6，但排列顺序不同，因此它们也是两个不同的排列.

如果$m<n$,那么从n个不同元素中取出m个不同元素的排列,叫作**选排列**.如果$m=n$,即从n个不同元素中取出所有n个元素的排列,叫作**全排列**.

二、排列种数的计算公式

研究从n个不同元素中取出$m(m\leqslant n)$个不同元素的排列共有多少个,这类问题叫作排列问题.

一般地,从n个不同元素中取出$m(m\leqslant n)$个不同元素的所有排列的个数,叫作从n个不同元素中取出m个不同元素的**排列种数**,用符号A_n^m表示.

例如,本节开始所举的两个例子,是从3个不同元素中每次取出2个不同元素的排列问题.其排列种数为A_3^2.

下面我们来研究排列种数A_n^m的计算.

我们这样来考虑:假定有排好顺序的m个空位(如下表),从n个不同的元素中任取m个不同元素填空,每个空位填入一个元素.这样,对应于每一种填法(填满m个空位),就得到一个排列.因此,所有不同填法的种数就是所求排列种数A_n^m.

第1位	**第2位**	**第3位**	…	**第m位**
↑	↑	↑		↑
n	$n-1$	$n-2$	…	$n-m+1$

填满这m个空位,可以分成m步来完成:

第一步:确定第1个空位的元素,可以从这n个不同元素中任选一个填上,有n种填法;

第二步:确定第2个空位的元素,只能从余下的$n-1$个不同元素中任选一个填上,有$n-1$种填法;

第三步:确定第3个空位的元素,只能从余下的$n-2$个不同元素中任选一个填上,有$n-2$种填法;

依此类推.

第m步:确定第m个空位的元素,当前面的$m-1$个空位填上后,第m个空位只能从余下的$n-(m-1)$个不同元素中任选一个填上,共有$n-m+1$种填法.

根据乘法原理,全部填满m个空位共有

$$n(n-1)(n-2)\cdots(n-m+1)$$

种填法.

这样,我们就得到排列种数计算公式

$$\mathrm{A}_n^m=n(n-1)(n-2)\cdots(n-m+1). \tag{5-1}$$

其中$m,n\in\mathbf{N}^+$且$m\leqslant n$.在这个公式中,右边第1个因数是n,后面每个因数依次比它的前一个因数少1,最后一个因数是$n-m+1$,即元素总数与选取元素个数之差加上1,共有m个因数相乘.

当$m=n$时,由公式(5-1)得

$$\mathrm{A}_n^n=n(n-1)(n-2)\cdots3\times2\times1. \tag{5-2}$$

式(5-2)右端是自然数1到n的连乘积,叫作n的阶乘,记作$n!$.于是公式(5-2)可以写成

$$A_n^n=n!. \tag{5-3}$$

即 n 个不同元素的全排列的总数(简称为**全排列数**)等于 $n!$.

例 1　计算 A_{10}^4 与 A_5^5.

解　$A_{10}^4=10\times9\times8\times7=5\,040$.

$A_5^5=5!=5\times4\times3\times2\times1=120$.

例 2　从某班 50 名同学中任选 6 名同学,分别担任 6 门不同课程的课代表,共有多少种不同选法?

解　从 50 名同学中选出 6 名的排列种数为

$$A_{50}^6=50\times49\times48\times47\times46\times45=11\,441\,304\,000(\text{种}),$$

即共有 11 441 304 000 种选法.

例 3　用 1, 2, 3, 4, 5, 6 这六个数字可以组成多少个没有重复数字的三位数?

解　用数字 1, 2, 3, 4, 5, 6 组成没有重复数字的三位数,就是从这六个数字中每次取出三个不同数字的排列问题,根据公式(5-1)可得符合题意的三位数的个数为

$$A_6^3=6\times5\times4=120(\text{个}).$$

即用数字 1, 2, 3, 4, 5, 6 可以组成 120 个没有重复数字的三位数.

例 4　求证:$A_n^m=\dfrac{n!}{(n-m)!}$.

证明

$$\begin{aligned}A_n^m&=n(n-1)(n-2)\cdots(n-m+1)\\&=\frac{[n(n-1)(n-2)\cdots(n-m+1)][(n-m)\cdots3\times2\times1]}{(n-m)\cdots3\times2\times1}\\&=\frac{n!}{(n-m)!}.\end{aligned} \tag{5-4}$$

此结论可作为公式使用. 为了使公式(5-4)在 $m=n$ 时也成立,我们规定

$$0!=1.$$

三、重复排列

上面我们讨论的排列,其中每一个排列的组成元素都是互异的,即没有相同的元素出现在同一个排列中. 但是,很多实际问题却允许元素重复出现. 先看下面的问题.

例 5　4 个同学争夺 3 项竞赛冠军,冠军获得者共有几种可能情况?

解　完成这件事情可分三步:

第一步争夺第一项冠军有 4 种可能;

第二步争夺第二项冠军有 4 种可能;

第三步争夺第三项冠军有 4 种可能. 所以可能情况有

$$4\times4\times4=4^3=64(\text{种}).$$

从 n 个不同元素中,每次取出($m\leqslant n$)个元素,取出的元素可以重复,按照一定的顺序排成一列,这样的排列叫作**重复排列**.

从 n 个不同元素中,每次取出($m\leqslant n$)个元素,取出的元素可以重复,按照一定的顺序排成一列,那么,第一,第二,…,第 m 个位置上选取元素的方法都是 n 个,所以从 n 个不同的元素中每次取出 m 个元素的重复排列的种数为

$$N=\underbrace{n\cdot n\cdots n}_{m\text{个}}=n^m. \tag{5-5}$$

例 6 从 10 个不同的文艺节目中选 6 个编成一个节目单，如果某女演员的独唱节目一定不能排在第二个节目的位置上，则共有多少种不同的排法？

解法 1 从特殊位置考虑，某女演员的独唱节目一定不能排在第二个节目的位置上，则第二个节目的排法有 $A_9^1=9$ 种，其他 5 个节目的位置共有 A_9^5 种，所以可能的排法有

$$A_9^1A_9^5=136\,080(\text{种}).$$

解法 2 从特殊元素考虑，若节目单中选取某女演员的独唱节目，则有 $A_5^1\times A_9^5$ 种排法，若节目不选某女演员的独唱节目，则有 A_9^6 种排法，所以一共的排法有

$$5\times A_9^5+A_9^6=136\,080(\text{种}).$$

解法 3 间接法，先不考虑某女演员的位置，有 A_{10}^6 种排法，然后考虑某演员排在第二个节目的位置上，有 A_9^5 种排法，所以一共的排法有

$$A_{10}^6-A_9^5=136\,080(\text{种}).$$

习 题 5-2

1. 写出从 a, b, c, d 这 4 个元素中任取 2 个的所有排列，并指出共有多少种？

2. 计算：

(1) A_5^2；　(2) A_6^6；　(3) $A_8^4-2A_8^2$；　(4) $\dfrac{A_7^5}{A_7^4}$.

3. 在下面的空格处填上合适的数字：

n	2	3	4	5	6	7	8
$n!$							

4. 某班学生 50 人，现选出 3 人，分别担任正、副班长和团支书，问共有多少种选法？

5. 8 名同学排成一排照相，有多少种排法？

6. 用 1, 2, 3, 4, 5 这五个数字，可以组成多少个没有重复数字的四位数？其中有多少个四位数是 5 的倍数？

7. 九名表演者站成一排表演，规定领唱者必须站在中间，朗诵者必须站在最右侧，问共有多少种排法？

8. 以 5 为首的七位电话号码共有多少个？

9. 三位自然数一共有多少个？

10. 由数字 1, 2, 3, 4, 5 可以组成多少个四位数(各位上的数字允许重复)？

第三节　组　　合

一、组合的概念

我们先看下面两个问题：

问题 1 三支球队分别来自北京、上海、广州，两两举行一次友谊赛，共需比赛几场？

问题 2 用 2,4,6 这三个数字每次取出两个，可以得到多少个不同的积？

第 1 个问题的比赛场次共 3 场：北京队 VS 上海队；北京队 VS 广州队；广州队 VS 上海队.

第 2 个问题得到的积有 3 种

$$2\times4=8;2\times6=12;4\times6=24.$$

这两个问题的共同特点是，结果只与选出的元素有关，而与选出的元素的顺序无关. 这

两个问题都是从三个不同的元素中任取两个，不管顺序，并成一组，共有多少个不同的组数的问题. 一般地，对于这类问题，给出如下定义：

从 n 个不同元素中，任取 $m(m\leqslant n)$ 个不同元素，不管顺序，并成一组，叫作**从 n 个不同元素中取出 m 个不同元素的一个组合**.

由组合和排列的定义可知，排列和组合的根本区别就在于排列的元素有顺序的要求，组合的元素没有顺序的要求.

例如，对于取出的两个元素 a 和 b，ab 和 ba 是两个不同的排列，但 ab 和 ba 则是两个相同的组合.

二、组合种数的计算公式

从 n 个不同元素中取出 $m(m\leqslant n)$ 个不同元素的所有组合的个数，叫作从 n 个不同元素中取出 m 个不同元素的**组合种数**，用符号 C_n^m 表示.

例如，本节开始所举的两个例子，都是从三个不同元素中每次取出两个不同元素的组合问题，组合种数可表示为 C_3^2.

排列问题与组合问题有着密不可分的关系，下面我们从组合种数 C_n^m 与排列种数 A_n^m 的关系入手，找出组合种数 C_n^m 的计算公式.

例如，从四个不同元素 a，b，c，d 中取出三个元素的排列与组合的关系如下表：

组　合	排　列		
abc	abc	bac	cab
	acb	bca	cba
abd	abd	bad	dab
	adb	bda	dba
acd	acd	cad	dac
	adc	$cdadca$	
bcd	bcd	cbd	dbc
	bdc	cdb	dcb

由上表可以看出，对于相应的每一个组合，都有六个不同的排列，因此，求从四个不同元素中取三个不同元素的排列种数 A_4^3，可以按照下面两步来考虑：

第一步：从四个不同元素中取出三个不同元素做组合，共有 C_4^3 个，由上表可知 $C_4^3=4$；

第二步：对每一个组合中的三个不同元素做全排列，每一组合对应的全排列都是 $A_3^3=6$ 个.

根据乘法原理，得

$$A_4^3=C_4^3\cdot A_3^3,$$

所以

$$C_4^3=\frac{A_4^3}{A_3^3}.$$

一般地，求从 n 个不同元素中取出$(m\leqslant n)$个不同元素的排列数 A_n^m，可按以下两步来进行：

第一步：求出从这 n 个不同元素中取出 m 个元素的组合数 C_n^m；

第二步：求每一个组合中 m 个元素的全排列数 A_m^m. 根据乘法原理，得

$$A_n^m=C_n^m\cdot A_m^m,$$

因此

$$C_n^m=\frac{A_n^m}{A_m^m}=\frac{n(n-1)(n-2)\cdots(n-m+1)}{m!}. \tag{5-6}$$

这里 n,m 是正整数，且 $m\leqslant n$. 这个公式叫作**组合种数计算公式**.

由 $A_n^m=\frac{n!}{(n-m)!}$ 可知，公式(5-6)还可以写成

$$C_n^m=\frac{n!}{m!\ (n-m)!}. \tag{5-7}$$

这也是组合种数的一个常用公式.

由于 $0!=1$，因此 $C_n^0=\frac{n!}{0!\ (n-0)!}=1$.

即

$$C_n^0=1.$$

例 1 计算 C_5^3 及 C_{100}^2.

解 $C_5^3=\frac{5\times4\times3}{3\times2\times1}=10$；

$C_{100}^2=\frac{100\times99}{2\times1}=4\,950$.

例 2 从 A、B、C、D 四个景点选出两个进行游览，问有多少种选法？

解 这实际上是从四个不同元素中取出两个元素的组合问题，即

$$C_4^2=\frac{4\times3}{2\times1}=6(\text{种}).$$

也就是说，有六种选法.

例 3 某年级三个班分别有学生 48，50，52 人，从这 150 名学生中选 4 人参加学代会有多少种方法？

解 就是从 150 个不同的元素中取出 4 个不同元素的组合种数，即

$$C_{150}^4=\frac{150\times149\times148\times147}{4\times3\times2\times1}=20\,260\,275.$$

所以，一共有 20 260 275 种选法.

三、组合种数的两个性质

我们看下面的例子：

例 4 (1) 从 5 名学生中，选出 2 名去城市调查，有多少种选法？

(2) 从 5 名学生中，选出 3 名去农村调查，有多少种选法？

解 (1) $C_5^2=\frac{5\times4}{2\times1}=10(\text{种})$；

(2) $C_5^3=\frac{5\times4\times3}{3\times2\times1}=10(\text{种})$.

即选出 2 名去城市调查和选出 3 名去农村调查都有 10 种不同的选法.

从这个例题可以看出,从 5 个不同元素中选出 2 个和选出 $5-2=3$ 个的组合种数是相等的,即

$$C_5^2=C_5^3.$$

一般地,有

性质 1　$C_n^m=C_n^{n-m}(m\leqslant n)$.　(5-8)

证明　因为

$$C_n^m=\frac{n!}{m!\ (n-m)!},$$

$$C_n^{n-m}=\frac{n!}{(n-m)!\ [n-(n-m)]!}=\frac{n!}{(n-m)!\ m!},$$

所以

$$C_n^m=C_n^{n-m}(m\leqslant n).$$

这个性质也可以由组合的定义得出:从 n 个不同的元素中取出 m 个不同元素并成一组,那么,剩下的 $n-m$ 个元素相应地也构成了一组,也就是说,从 n 个不同的元素中取出 m 个不同元素的每一个组合,都对应着从 n 个不同的元素中取出 $n-m$ 个不同元素的唯一的一个组合;反过来也是一样的.因此,从 n 个不同的元素中取出 m 个不同元素的组合种数 C_n^m,等于从 n 个不同的元素中取出 $n-m$ 个不同元素的组合种数 C_n^{n-m},即

$$C_n^m=C_n^{n-m}.$$

性质 1 的用处是:当 $m>\frac{n}{2}$ 时,通常不直接计算 C_n^m,而是改为计算 C_n^{n-m},这样可使计算简便.

例 5　计算 C_{100}^{97} 及 C_{15}^{13}.

解　$C_{100}^{97}=C_{100}^{100-97}=C_{100}^{3}=\frac{100\times 99\times 98}{3\times 2\times 1}=161\,700$;

$C_{15}^{13}=C_{15}^{15-13}=C_{15}^{2}=\frac{15\times 14}{2\times 1}=105$.

性质 2　$C_{n+1}^m=C_n^m+C_n^{m-1}$.　(5-9)

证明

$$\begin{aligned}C_n^m+C_n^{m-1}&=\frac{n!}{m!\ (n-m)!}+\frac{n!}{(m-1)!\ [n-(m-1)]!}\\&=\frac{n!\ (n-m+1)+n!\ m}{m!\ (n-m+1)!}\\&=\frac{(n-m+1+m)n!}{m!\ (n+1-m)!}\\&=\frac{(n+1)!}{m!\ [(n+1)-m]!}=C_{n+1}^m.\end{aligned}$$

即

$$C_{n+1}^m=C_n^m+C_n^{m-1}.$$

这个性质也可以根据组合的定义与加法原理得出.从 $a_1,a_2,\cdots,a_n,a_{n+1}$,这 $n+1$ 个不同的元素中取出 m 个不同元素的组合种数是 C_{n+1}^m,这些组合可以分成两类:第一类含有 a_1,它是从 $a_2,a_3,\cdots,a_{n+1}$ 这 n 个元素中取出 $m-1$ 个元素与 a_1 组成的,共有 C_n^{m-1} 个;第二类不含 a_1,它是从 $a_2,a_3,\cdots,a_{n+1}$ 这 n 个元素中取出 m 个元素组成的,共有 C_n^m 个.根据加法原理,得

$$C_{n+1}^{m}=C_n^m+C_n^{m-1}.$$

例 6 计算 $C_{99}^{98}+C_{99}^{97}$.

解 $C_{99}^{98}+C_{99}^{97}=C_{100}^{98}=C_{100}^{100-98}=C_{100}^{2}=\dfrac{100\times 99}{2\times 1}=4\,950.$

习 题 5-3

1. 写出：

(1) 从五个元素 a,b,c,d,e 中任取两个元素的所有组合；

(2) 从五个元素 a,b,c,d,e 中任取三个元素的所有组合.

2. 利用第1题第(1)小题的结果写出从五个元素 a,b,c,d,e 中任取两个元素的所有排列.

3. 计算：

(1) C_8^3；　　(2) C_{100}^2；　　(3) $C_{10}^4-C_9^4$；　　(4) $C_5^3\cdot C_4^2$.

4. 某校举行排球赛，有12个队参加，比赛采用单循环制（即每队都与其他各队比赛一场），总共要比赛多少场？

5. 10个人相互握手告别，共要握手多少次？

6. 平面内有8个点，其中任何三点都不在同一条直线上，过每两个点作直线，一共可以作多少条直线？

第四节 排列与组合的应用

利用排列、组合能解决的实际问题很多，这里我们就一些简单的应用问题进行讨论，说明求解排列、组合应用题的分析方法.

例 1 6名同学排成一排，其中甲、乙两人必须在一起的不同排法共有多少种？

解 将甲、乙两人捆绑在一起视作一人，与其余四人全排列共 A_5^5 种，甲乙两人之间有 A_2^2 种，因此一共的排法有

$$A_5^5\cdot A_2^2=120\times 2=240\text{ 种}.$$

例 2 用0, 1, …, 9这10个数字可以组成多少个没有重复数字的4位数？

解法 1 组成一个没有重复数字的4位数，可以分成两步来完成：

第一步：确定千位上的数字，由于千位上的数字不能为0，所以只能从1到9这9个数字中任取1个，有 A_9^1 种取法；

第二步：从剩下的9个数字中取出3个不同的数字分别放在百位、十位和个位上，共有 A_9^3 种取法.

根据乘法原理，用0, 1, …, 9这10个数字组成没有重复数字的4位数的个数为

$$A_9^1A_9^3=9\times(9\times 8\times 7)=4\,536(\text{个}).$$

解法 2 由于千位上的数字不能为0，因此没有重复数字的4位数的个数等于从0到9这10个数字中取出4个不同数字的排列数减去其中千位数字为0的排列数，而后者等于从1到9这9个数字中取出3个不同数字的排列数. 从而没有重复数字的4位数的个数为

$$\begin{aligned}A_{10}^4-A_9^3&=10\times 9\times 8\times 7-9\times 8\times 7\\&=(10-1)\times 9\times 8\times 7=4\,536(\text{个}).\end{aligned}$$

例 3 有甲、乙、丙三项任务，甲需2人承担，乙、丙各需1人承担，从10人中选出4人承担这三项任务，不同的选法共有多少种？

解　第一步:先从 10 人中选出 2 个承担甲项任务,有 C_{10}^{2} 种选法;第二步:从剩下 8 个中选 1 人承担乙项任务;

第三步:从另外 7 人中选 1 个承担两项任务,

根据乘法原理不同的选法共有

$$C_{10}^{2}\cdot C_{8}^{1}\cdot C_{7}^{1}=2\,520(\text{种}).$$

例 4　一次抛掷 6 枚不同的硬币,问可能出现的结果一共有多少种?

解　由于抛掷每枚硬币只有正面(出现币值的一面)和反面两种结果,所以这个问题相当于从 6 枚硬币中,依次取一枚硬币的正面或反面填入 6 个空位,共有多少种填法.由于每个空位都有 2 种填法,所以根据乘法原理,抛掷 6 枚硬币可能出现的结果共有

$$2\times2\times2\times2\times2\times2=2^{6}=64(\text{种}).$$

例 5　有 4 名男生,5 名女生.

(1) 从中选 5 名代表,要求男生 2 名,女生 3 名,且某女生必须在内,有多少种不同选法?

(2) 从中选 5 名代表,要求男生不少于 2 名,有多少种选法?

(3) 分成甲、乙、丙三组,每组 3 个,有多少种不同分法?

解　(1) 从 4 名男生中选 2 名男生有 C_{4}^{2} 种选法;从 5 名女生中选 3 名女生,但必须包括某女生,有 C_{4}^{2} 种选法,故满足条件的选法有

$$C_{4}^{2}\cdot C_{4}^{2}=36(\text{种}).$$

(2) 解法 1(直接法):符合条件的选法有三类:① 2 男 3 女;② 3 男 2 女;③ 4 男 1 女.其选法有

$$C_{4}^{2}\cdot C_{5}^{3}+C_{4}^{3}\cdot C_{5}^{2}+C_{4}^{4}\cdot C_{5}^{1}=105(\text{种}).$$

解法 2(间接法):不符合条件的选法有两类:① 1 男 4 女;② 5 女.故符合条件的选法有

$$C_{9}^{5}-C_{4}^{1}\cdot C_{5}^{4}-C_{5}^{5}=105(\text{种}).$$

(3) 先安排甲组有 C_{9}^{3} 种分法,再安排乙组有 C_{6}^{3} 种分法,剩下的学生为丙组成员.故符合条件的分法有

$$C_{9}^{3}\cdot C_{6}^{3}\cdot C_{3}^{3}=1\,680(\text{种}).$$

例 6　假设在 100 件产品中有 3 件是次品,从中任意抽取 5 件,求下列抽取方法各多少种?

(1) 没有次品;(2) 恰有两件是次品;(3) 至少有两件是次品

解　(1) 没有次品的抽法就是从 97 件正品中抽取 5 件的抽法,共有

$$C_{97}^{5}=64\,446\,024(\text{种}).$$

(2) 恰有 2 件是次品的抽法就是从 97 件正品中抽取 3 件,并从 3 件次品中抽 2 件的抽法,共有

$$C_{97}^{3}\cdot C_{3}^{2}=442320(\text{种}).$$

(3) 至少有 2 件次品的抽法,按次品件数来分有二类:

第一类:从 97 件正品中抽取 3 件,并从 3 件次品中抽取 2 件,有 $C_{97}^{3}\cdot C_{3}^{2}$ 种;

第二类:从 97 件正品中抽取 2 件,并将 3 件次品全部抽取,有 $C_{97}^{2}\cdot C_{3}^{3}$ 种,

因此,一共的抽取方法有

$$C_{97}^{3}\cdot C_{3}^{2}+C_{97}^{2}\cdot C_{3}^{3}=446\,976(\text{种}).$$

习 题 5-4

1. 计算：

(1) C_{100}^{98}；　　(2) C_{50}^{48}；

(3) $C_{190}^{180}-C_{190}^{10}$；　　(4) $C_{16}^{3}-C_{15}^{2}$；

(5) $C_{8}^{3}+C_{8}^{2}+C_{9}^{4}-C_{10}^{4}$；　　(6) $C_{19}^{17}+C_{19}^{16}$.

2. 现有 1 元，5 元，10 元的纸币各一张，问可以组成多少种币值？

3. 某班有 52 名学生，其中正、副班长各一名，现派 5 名学生完成一项工作：

(1) 正、副班长必须参加，有多少种派法？

(2) 正、副班长只能且必须去一人，有多少种派法？

(3) 正、副班长至少有一人参加，有多少种派法？

4. 某小组有 10 名同学，其中男生 6 人，女生 4 人. 现挑选 3 人参加学校组织的某项活动，要求其中至少有 1 名女生，共有多少种不同的挑选方法？

5. 有 5 种不同的小麦种子和 4 块不同的实验园地. 现要选 3 种小麦种子种在 3 块园地里进行实验，共有多少种不同的实验方案？

6. 一种密码锁的密码由 1 到 9 中的 6 个数字组成（允许重复），问共能组成多少个密码？

7. 抛掷 3 枚不同的硬币，问可能出现的结果有多少种？

8. 已知集合{1, 2, 3, 4, 5}，问这个集合有多少个不同的子集？

9. 从 1, 3, 5, 7, 9 中任取三个数字，从 2, 4, 6, 8 中任取两个数字，组成没有重复数字的五位数，一共可以组成多少个数？

第五节 二项式定理

一、二项式定理

我们已经知道

$$(a+b)^2=a^2+2ab+b^2,$$
$$(a+b)^3=a^3+3a^2b+3ab^2+b^3.$$

下面我们来讨论

$$\begin{aligned}(a+b)^4&=(a+b)(a+b)(a+b)(a+b)\\&=a^4+4a^3b+6a^2b^2+4ab^3+b^4.\end{aligned}$$

的展开式有什么规律.

$(a+b)^4$ 的展开式的每一项，是从 4 个括号中每个里面任取一个字母的乘积，因而各项都是 4 次式，即展开式有下面形式的各项：

$$a^4, a^3b, a^2b^2, ab^3, b^4.$$

现在来看上面各项在展开式中的个数，也就是讨论展开式中各项的系数. 我们运用组合的知识来讨论.

在上面 4 个括号中，都不取 b 的情况有 C_4^0 种，所以 a^4 的系数是 C_4^0；

在 4 个括号中，恰有 1 个取 b 的情况有 C_4^1 种，所以 a^3b 的系数是 C_4^1；

在 4 个括号中，恰有 2 个取 b 的情况有 C_4^2 种，所以 a^2b^2 的系数是 C_4^2；

在 4 个括号中，恰有 3 个取 b 的情况有 C_4^3 种，所以 ab^3 的系数是 C_4^3；

在 4 个括号中，4 个都取 b 的情况有 C_4^4 种，所以 b^4 的系数是 C_4^4.
因此

$$\begin{aligned}(a+b)^4 &= C_4^0a^4+C_4^1a^3b+C_4^2a^2b^2+C_4^3ab^3+C_4^4b^4\\ &= a^4+4a^3b+6a^2b^2+4ab^3+b^4.\end{aligned}$$

一般地，对于任意正整数 n，我们有下面的公式：

$$(a+b)^n=C_n^0a^n+C_n^1a^{n-1}b+\cdots+C_n^ka^{n-k}b^k+\cdots+C_n^nb^n. \tag{5-10}$$

公式(5-10)叫作**二项式定理**，右边的多项式叫作 $(a+b)^n$ 的**二项展开式**，共有 $n+1$ 项，其中每一项的系数 $C_n^k(k=0,1,2,\cdots,n)$ 叫作**二项式系数**，式中的 $C_n^ka^{n-k}b^k$ 叫作二项展开式的**通项**，它是展开式中的第 $k+1$ 项，用 T_{k+1} 表示为

$$T_{k+1}=C_n^ka^{n-k}b^k.$$

在二项式定理中，如果取 $a=1,b=x$，则得到

$$(1+x)^n=1+C_n^1x+C_n^2x^2+\cdots+C_n^kx^k+\cdots+C_n^nx^n. \tag{5-11}$$

公式(5-11)也是一个常用公式.

例 1　求 $(1+x)^5$ 的二项展开式.

解
$$\begin{aligned}(1+x)^5 &= C_5^0+C_5^1x+C_5^2x^2+C_5^3x^3+C_5^4x^4+C_5^5x^5\\ &= 1+5x+10x^2+10x^3+5x^4+x^5.\end{aligned}$$

例 2　求 $(1-x)^6$ 的展开式.

解　根据公式(5-11)，得

$$\begin{aligned}(1-x)^6 &= [1+(-x)]^6\\ &= 1+C_6^1(-x)+C_6^2(-x)^2+C_6^3(-x)^3+C_6^4(-x)^4+C_6^5(-x)^5+C_6^6(-x)^6\\ &= 1-6x+15x^2-20x^3+15x^4-6x^5+x^6.\end{aligned}$$

例 3　在 $\left(2x+\frac{1}{x^2}\right)^6$ 的展开式中，求：

(1) 第 4 项的二项式系数；

(2) 第 4 项的系数；

(3) 常数项.

解 原式的展开式的通项为

$$T_{k+1}=C_6^k(2x)^{6-k}\left(\frac{1}{x^2}\right)^k=C_6^k2^{6-k}x^{6-3k},$$

所以

$$T_4=C_6^32^3x^{-3}.$$

(1) 第 4 项的二项式系数为 $C_6^3=20$；

(2) 第 4 项的系数为 $C_6^32^{6-3}=C_6^32^3=160$；

(3) 令 $6-3k=0$，得

$$k=2,$$

所以，常数项为

$$T_3=C_6^22^{6-2}=240.$$

注意

二项展开式中第 $k+1$ 项的系数与第 $k+1$ 项的二项式系数 C_n^k 是两个不同的概念，这一点一定要分清楚.

例如，在$(1+2x)^7$的二项展开式中，第 4 项为$T_4=C_7^3\cdot1^{7-3}\cdot(2x)^3$，其二项式系数是$C_7^3=35$；而第 4 项的系数是指$x^3$的系数，应是$C_7^3\cdot2^3=280$.

例 4 计算$(0.998)^6$的近似值(精确到 0.001).

解 $(0.998)^6=(1-0.002)^6=1-6\times0.003+15\times0.003^2-\cdots$.

根据题中精确度的要求，第 3 项起及以后各项都可以删去，所以，

$$(0.998)^6\approx1-6\times0.002=0.988.$$

二、二项展开式的性质

我们将二项展开式的二项式系数列成下表：

$(a+b)^0$……………… 1

$(a+b)^1$……………… 1 1

$(a+b)^2$……………… 1 2 1

$(a+b)^3$……………… 1 3 3 1

$(a+b)^4$……………… 1 4 6 4 1

$(a+b)^5$……………… 1 5 10 10 5 1

$(a+b)^6$………………1 6 15 20 15 6 1

…… ……

$(a+b)^n$…… 1 C_n^1 … C_n^{k-1} C_n^k … C_n^{n-1} 1

$(a+b)^{n+1}$… 1 C_{n+1}^1 C_{n+1}^2… C_{n+1}^k … C_{n+1}^n 1

观察上表，有如下特点：

表中每行两端都是 1，而且除 1 以外的每一个数都等于它肩上两个数的和，即$C_{n+1}^k=C_n^{k-1}+C_n^k$. 这样的表，我国宋朝数学家杨辉 1261 年在他所著的《详解九章算法》一书中就已列出，我们称之为杨辉三角. 在欧洲，人们认为这个表是法国数学家帕斯卡(Blaise Pascal. 1623～1662 年)首先发现的，他们把这个表叫作帕斯卡三角.

二项式$(a+b)^n$的展开式，具有下面一些性质：

(1) 展开式中共有$n+1$项；

(2) a按降幂排列，次数由n到 0，b按升幂排列，次数由 0 到n；

(3) 每项里a和b的指数之和等于二项式的指数n；

(4) 由第一项起，各项二项式系数依次为：

$$C_n^0,C_n^1,C_n^2,\cdots,C_n^n;$$

(5) 与首末两端“等距离”的两项的二项式系数相等. 由组合数的性质$C_n^k=C_n^{n-k}$亦可得出这一点；

(6) 如果二项式的幂指数是偶数，那么中间一项的二项式系数最大；如果二项式的幂指数是奇数，那么中间两项的二项式系数相等并且最大.

例 5 今天是星期六，那么8^{100}天后的那一天是星期几？

解 根据二项式定理

$$8^{100}=(7+1)^{100}=C_{100}^0 7^{100}+C_{100}^1 7^{99}+\cdots+C_{100}^{99}7+C_{100}^{100}$$
$$=7(C_{100}^0 7^{99}+C_{100}^1 7^{98}+\cdots C_{100}^{99})+1$$

余数为 1，所以8^{100}天后的那一天是星期日.

例 6 证明：$C_n^0+C_n^1+C_n^2+\cdots+C_n^k+\cdots+C_n^n=2^n$.

证明　运用$(1+x)^n$的展开式

$$(1+x)^n=C_n^0+C_n^1x+C_n^2x^2+\cdots+C_n^kx^k+\cdots+C_n^nx^n,$$

设$x=1$,则

$$2^n=C_n^0+C_n^1+C_n^2+\cdots+C_n^k+\cdots+C_n^n.$$

这说明,$(a+b)^n$的展开式的所有二项式系数的和等于2^n.

例 7　证明在$(a+b)^n$的展开式中,奇数项的二项式系数的和等于偶数项的二项式系数的和.

证明　在展开式

$$(a+b)^n=C_n^0a^n+C_n^1a^{n-1}b+C_n^2a^{n-2}b^2+\cdots+C_n^nb^n$$

中,令$a=1,b=-1$,则得

$$(1-1)^n=C_n^0-C_n^1+C_n^2-C_n^3+\cdots+(-1)^nC_n^n,$$

整理,得

$$0=(C_n^0+C_n^2+\cdots)-(C_n^1+C_n^3+\cdots),$$

所以

$$C_n^0+C_n^2+\cdots=C_n^1+C_n^3+\cdots.$$

即$(a+b)^n$的展开式中,奇数项的二项式系数的和等于偶数项的二项式系数的和.

习 题 5-5

1. 求$(p+q)^7$和$(2p+q)^7$的展开式.
2. 求$(2a+3b)^6$的展开式的第 3 项.
3. 求$(x^3+2x)^7$的展开式的第 4 项的二项式系数,并求第 4 项的系数.
4. 化简:$(1+x)^5+(1-x)^5$.
5. 求$\left(x-\dfrac{1}{x}\right)^{10}$的二项展开式的常数项.
6. 求下列各数的近似值(精确到 0.001):
   (1) $(1.003)^5$;　(2) $(0.9998)^8$.
7. 求$(x+2y)^9$的展开式中二项式系数最大的项.
8. 求$(1-x)^{13}$的展开式中的含x的奇次项系数的和.
9. 求$C_{11}^1+C_{11}^3+\cdots+C_{11}^{11}$的值.

复 习 题 五

1. 判断题:

(1) a、b是两个不同的元素,则ab与ba是不同的排列.　(　)

(2) a、b是两个不同的元素,则ab与ba是不同的组合.　(　)

(3) 8 个人站成两排,每排 4 人,不同的站法有A_8^8种.　(　)

(4) 8 个人分成两组,每组 4 人,不同的分法有C_8^2种.　(　)

(5) 将 5 封信投到 3 个邮筒内,共有3^5种不同的投法.　(　)

(6) 5 名学生争夺 3 个项目的冠军,共有3^5种不同的结果.　(　)

(7) 箱子中装了 5 只大小不同的蓝色球,7 只大小不同的红色球,现从箱中任取一只球,共有 12 种不同的取法.　(　)

(8) 从 12 名男团员,5 名女团员中,选出三人参加团代会,恰有一名女团员当选的选

法有 $5C_{12}^{2}$ 种. ( )

(9) $\left(a^{3}+\frac{1}{a^{3}}\right)^{18}$ 的展开式中,不含 a 的项是第 9 项. ( )

(10) $(a^{2}+b^{2})^{2n}$ 的展开式中共有 $2n$ 项. ( )

2. 填空题:

(1) 代数式 $(a_1+a_2+a_3)(b_1+b_2+b_3+b_4)$ 展开后,共有________项.

(2) 安排 6 名歌手的演出顺序时,要求某名歌手不是第一个出场,也不是最后一个出场,不同的排法种数是________.

(3) 有 3 本不同的书,5 人去借,每人借 1 本,每次都把书借完,有________种不同的借法.

(4) 一名学生可从本年级开设的 7 门选修课中任选 3 门,从 6 种课外活动小组中任选 2 种,不同选法的种数是________.

(5) 如果有 20 名代表出席一次会议,每位代表都与其他代表握 1 次手,那么一共握手________次.

(6) 用 1, 2, 3, 4, 5, 6 组成没有重复数字的五位数,其中有偶数________个.

(7) 一个集合由 7 个元素组成,则这个集合有________个含有 4 个元素的子集.

(8) 若 $(x+y)^{n}$ 的展开式中,第 5 项的系数与第 8 项的系数相等,则 $n=$________.

(9) $(1+x)^{14}$ 的展开式中,第________项系数最大,它的值为________.

(10) $(1-\sqrt{x})^{13}$ 的展开式共有________项,其中 x^{2} 的系数为________.

3. 选择题:

(1) 从 10 名学生中选出 3 名代表,共有( )种选法.

A. A_{10}^{3} B. C_{10}^{3} C. $3A_{10}^{3}$ D. $3C_{10}^{3}$

(2) 若 x, y 分别在 0, 1, 2, …, 10 中取值,则点 $P(x,y)$ 在第一象限内点的个数是( ).

A. 100 B. 99 C. 121 D. 81

(3) 某班 4 个小组分别从 3 处风景中选出 1 处旅游,不同的选择方案共有( )种.

A. C_{4}^{3} B. A_{4}^{3} C. 3^{4} D. 4^{3}

(4) 某乒乓球队有 9 名队员,其中 2 名是种子选手,现要挑选 5 名队员参加比赛,种子选手都必须在内,那么不同的选法有( )种.

A. 35 B. 21 C. 84 D. 126

(5) 某时装店有 6 种不同花色的上衣和 4 种不同花色的裙子,某人要买上衣和裙子各 2 件,那么她选择的方法共有( )种.

A. 40 B. 60 C. 80 D. 90

(6) 现有 4 本不同的小说,6 本不同的诗歌,3 本不同的散文,如果某学生要借 2 本书,有( )种不同的借法.

A. 156 B. 78 C. 26 D. 13

(7) 参加小组唱的 6 个男生和 4 个女生站成一排,要求女生站在一起,有( )种不同的站法.

A. 10! B. 4!×6! C. 4×7! D. 4!×7!

(8) $\left(8a+\frac{b}{9}\right)^{12}$ 的展开式中,二项式系数最大的项是( ).

A. 第 5 项和第 6 项　　B. 第 6 项

C. 第 7 项　　D. 第 6 项和第 7 项

(9) 由 4 个元素组成的集合共有(　　)个真子集.

A. 8　　B. 15　　C. 16　　D. 63

(10) $\left(2\sqrt{x}-\frac{1}{\sqrt{x}}\right)^{6}$ 的展开式中的常数项是(　　).

A. -160　　B. 200　　C. 160　　D. -200

4. 有 6 本不同的科普读物,送给 5 名同学,

(1) 每人 1 本,有多少种分配方法?

(2) 每人至少 1 本,有多少种不同的送书方法?

5. 6 名学生和两位教师站成一排合影,教师站在中间的站法有多少种?

6. 甲、乙、丙三人值周,从周一至周六,每人值两天,但甲不值周一,问可以排出多少种不同的值周表?

7. (1) 由数字 1、2、3、4、5、6、7 可以组成多少个没有重复数字的 6 位数?

(2) 由数字 0、1、2、3、4、5、6 可以组成多少个没有重复数字的 6 位数?

8. 2002 年世界杯亚洲区预选赛 B 组有中国、卡塔尔、阿联酋、乌兹别克斯坦、阿曼 5 支球队,每队与其余 4 队都要进行主、客场两场比赛,共需比赛多少场? 请排出所有比赛的对阵表.

9. 我国使用的明码电报号码是由 0 到 9 的 10 个整数中取 4 个数(允许重复)代表 1 个汉字,一共可以表示多少个不同的汉字?

10. 在 7 位候选人中,

(1) 如果选举班委 5 人,共有多少种选法?

(2) 如果选举正、副班长各 1 人,共有多少种选法?

11. 一个小组有男生 5 人,女生 4 人,现推选男、女生各 2 人

(1) 组成环保宣传小组,有多少种选法?

(2) 参加 4 项技能竞赛,有多少种选法?

12. 用 5 面不同颜色的小旗升上旗杆,以作信号,总共可作多少种不同的信号(作信号时,可以只用 1 面小旗,也可以用多面小旗)?

13. 在产品检验时,常从产品中抽出一部分进行检查. 现有 100 件产品,其中有两件次品,其余都是合格品. 现在从 100 件产品中抽出 3 件进行检查:

(1) 一共有多少种不同的抽法?

(2) 抽出的 3 件中恰好有 1 件次品的抽法有多少种?

(3) 抽出的 3 件中最多有 1 件次品的抽法有多少种?

(4) 抽出的 3 件中至少有 1 件次品的抽法有多少种?

14. 有 6 本不同的书,分给甲、乙、丙 3 个同学. 满足下面条件的分法各有多少种?

(1) 每人各得两本;

(2) 甲得 1 本,乙得两本,丙得 3 本;

(3) 一人得 1 本,一人得两本,一人得 3 本;

(4) 一人得 4 本,另两人各得 1 本.

15. 某班有 5 篇获奖征文,现要从中选 1 篇或几篇编入学习园地,共有多少种不同的选法?

16. 展开下列各式:

（1）$(\sqrt{a}+b)^6$； （2）$\left(\sqrt{x}-\dfrac{1}{\sqrt{x}}\right)^6$.

17. 求$\left(2x^3-\dfrac{1}{2x^2}\right)^{10}$的展开式中的常数项.

18. 已知$(1+x)^n$的展开式中第4项与第8项的二项式系数相等,求这两项的二项式系数.

19. n个元素组成的集合$\{a_1,a_2,\cdots,a_n\}$有多少个子集?

20. 已知$\left(\sqrt[3]{x^2}+\dfrac{1}{x}\right)^n$的展开式中的第3项含有$x^2$,求$n$.

习题参考答案

第一章

习题 1-1

3. (1) $A\in\alpha, B\in\alpha, C\in\alpha$; (2) $C\in AB$;
   (3) $l\subset\alpha, m\subset\alpha, l\cap m$.

习题 1-2

3. (1) 45°; (2) 45°; (3) 60°.
4. $\dfrac{16}{25}$

习题 1-3

3. (1) 90°; (2) 8.6 cm.
4. 20 cm.
5. $AE=BE=CE=13$ cm.
6. $BD=9.2$ cm, $CD=11.3$ cm, $AB=4.6$ cm, $AC=8$ cm.
7. a.
8. (1) $\sqrt{5}$ cm, 2 cm; (2) $26^\circ34'$.
9. 12 cm, $12\sqrt{2}$ cm.

习题 1-4

4. 4 dm, 8 dm; $\sqrt{15}$ dm.
5. $\dfrac{4}{3}\sqrt{3}$ m.
6. $83\dfrac{1}{3}$ cm^2.
7. $5\sqrt{2}$ cm.
8. 21 m.
9. 13 m.

习题 1-5

3. 800 cm^2.
4. 5 cm.
5. 100 cm^2.
6. 120 cm^3.
7. (1) $\sqrt{H^2+\dfrac{1}{3}a^2}$, $\sqrt{H^2+\dfrac{1}{12}a^2}$;
   (2) $\sqrt{H^2+\dfrac{1}{2}a^2}$, $\dfrac{1}{2}\sqrt{4H^2+a^2}$;

（3）$\sqrt{H^2+a^2}$，$\frac{1}{2}\sqrt{4H^2+3a^2}$.

8. $\sqrt{3}a$，$\frac{1}{2}\sqrt{15}a$，arctan2.

9. 5 cm.

10. 51.6 cm^2，18.7 cm^3.

11. $\frac{16\,000}{3}\sqrt{3}$ cm^3.

12. 288 cm^2.

13. $\frac{20}{3}\sqrt{3}$ cm，$\frac{10}{3}\sqrt{3}$ cm.

14. 237.3 cm^2.

15. R^2.

16. 24 cm^2.

17. $\frac{\sqrt{3}}{4}\pi R$.

复习题一

3. $4\sqrt{3}$ cm.

4. $\frac{a^3}{4\pi}$.

5. $\frac{r'^2+r^2}{r'+r}$.

6. $\frac{\sqrt{3}}{6}a^3$.

7. 1.85 km.

第二章

习题 2-1

1. （1）$4\sqrt{5}$；（2）$\frac{\sqrt{10}}{2}$；（3）$|a|(b^2+c^2)$.

2. （1）$a=\pm 8$；（2）$P(0,-3)$或$P(0,-9)$；（3）$(9,0)$.

3. （1）$(5,3)$；（2）$(-\frac{1}{2},4)$；（3）$(1,3)$.

4. $x=4$，$y=-2$.

5. $|AD|=\frac{\sqrt{53}}{2}$，$|BE|=\frac{\sqrt{41}}{2}$，$|CF|=\sqrt{2}$.

6. （1）略；（2）$\left(\frac{3}{2},0\right)$，$(0,3)$.

8. （1）$k=-1$，$\theta=135°$；（2）$k=-\sqrt{3}$，$\theta=120°$.
（3）$k=1$，$\theta=45°$；（4）k 不存在，$\theta=90°$.

9. （1）$m=-2$；（2）$\frac{3}{4}(\sqrt{3}-1)$.

10. $-\frac{4}{3}$.

11. (1) 不在同一直线上;　(2) 在同一直线上.

12. $m=\frac{1}{2}$.

习 题 2-2

1. (1) $y-5=4(x-2)$;　(2) $y+1=\sqrt{2}(x-3)$;

(3) $y-2=\frac{\sqrt{3}}{3}(x+\sqrt{2})$;　(4) $y-3=0(x-0)$;

(5) $y+2=-\sqrt{3}(x-4)$.

2. (1) $3x+2y-6=0$;　(2) $6x-5y+30=0$.

3. (1) $y=2, y-2=0$;　(2) $y+2=-\frac{1}{2}(x-8), x+2y-4=0$;

(3) $\frac{x}{\frac{3}{2}}+\frac{y}{-3}=1, 2x-y-3=0$;　(4) $\frac{y+2}{-4+2}=\frac{x-3}{5-3}, x+y-1=0$;

(5) $x=-2, x+2=0$;　(6) $y=2, y-2=0$.

4. (1) $m=-1$($m=1$ 舍去);

(2) $m=\frac{1}{2}$ 或 2;

(3) $m=-\frac{3}{2}$($m=1$ 舍去).

5. $x_2=4$,　$y_3=-3$.

6. $4x-3y+6=0$ 或 $4x+3y-6=0$.

7. $x+y-5=0$ 或 $3x-2y=0$.

8. (1) $k_{AB}=\frac{5}{2}$,　$k_{BC}=\frac{1}{5}$,　$k_{AC}=-\frac{4}{3}$;　$68°12'$,　$11°19'$,　$126°52'$.

(2) $5x-2y+8=0$,　$x-5y-3=0$,　$4x+3y-12=0$.

(3) $3x+8y-9=0$.

9. $Q=-\frac{2}{5}t+20$.

10. $3x-4y+12=0$,　$3x+4y-12=0$,　$3x+4y+12=0$,　$3x-4y-12=0$.

习 题 2-3

1. (1) 平行;　(2) 平行;　(3) 垂直;　(4) 垂直;　(5) 不平行,不垂直.

2. (1) $2x+3y+10=0$;　(2) $7x-2y-20=0$;

(3) $x-2y=0$.

4. $6x-5y-1=0$.

5. $3x+2y-12=0$.

6. (1) $2x+3y-2=0$;　(2) $4x-3y-6=0$;

(3) $x+2y-11=0$.

7. $a=-1$.

8. 当供应数量和需求数量都是 4 万件时,市场达到供需平衡,此时每万件商品价格为 17 万元.

习题 2-4

1. 5,3.

2. (1) $d=\frac{9}{5}$；　(2) $d=0$；　(3) $d=0$；
   (4) $d=2\sqrt{13}$；　(5) $d=\frac{2}{5}$.

3. 3.

4. (1) $d=2\sqrt{13}$；　(2) $d=2$.

5. $x+3y+7=0$；　$3x-y-3=0$；　$3x-y+9=0$.

复习题二

1. (1) √；　(2) √；　(3) ×；　(4) √；　(5) ×；
   (6) ×；　(7) ×.

2. (1) A；　(2) D；　(3) A；　(4) D；　(5) B；
   (6) A；　(7) D；　(8) C.

3. (1) $\sqrt{34}$；
   (2) $(-4,-1)$；
   (3) $3x+4y+12=0$，　$3x+4y-12=0$，　$3x-4y+12=0$，　$3x-4y-12=0$；
   (4) 5；
   (5) $-\frac{1}{2}$，$153°26'$，$x+2y+2=0$；
   (6) $\sqrt{3}x+y+2=0$；
   (7) $m\neq-7$ 与 $m\neq-1$ 时相交，$m=-1$ 时平行，$m=-7$ 时重合；
   (8) $a=\frac{1\pm\sqrt{2}}{2}$；
   (9) $a=10$，　$c=-12$，　$m=-2$；
   (10) $4x-3y-6=0$；
   (11) $2x+7y-21=0$，　$\frac{34}{53}\sqrt{53}$；
   (12) $(7,3)$或$(-3,3)$；
   (13) $x-y-6=0$ 或 $x-y+2=0$.

4. $(-2,-2)$或$\left(\frac{14}{5},\ \frac{2}{5}\right)$.

5. $(0,1)$或$(2,3)$或$(2,1)$.

6. $(-1,-5)$.

7. (1) $m\neq-1$ 且 $m\neq3$；
   (2) 当 $m=-1$；
   (3) 当 $m=3$.

8. $L-20=1.5(F-4)$.

第三章

习题 3-1

1. (1) 在；　　(2) 不在.
2. $a^2+b^2=r^2$.
3. (1) $y-3=0, y+9=0$；　　(2) $x^2+y^2=9$；
   (3) $(x-1)^2+(y-2)^2=25$；　　(4) $x-y+2=0$.
4. $x-4=0$.
5. $5x^2+9y^2-180=0$.
6. $x^2+y^2-8x-10=0$；　$x^2+y^2-6x-10y+8=0$.
7. $x^2+y^2=a^2$.
8. $16x^2-8xy+y^2+6x+24y-9=0$.
9. $y=x^2$(点$(2,4)$、$(-2,4)$除外).
10. 取两定点坐标为$(-3,0)$、$(3,0)$，方程为 $x^2+y^2=4$.

习题 3-2

1. $(x-8)^2+(y+3)^2=25$.
2. $x^2+y^2-4x+4y+4=0$，　$x^2+y^2-20x+20y+100=0$.
3. $(x-2)^2+y^2=10$.
4. (1) $(-1,2)$，$r=3$；　　(2) $\left(0,\frac{3}{4}\right)$，　$r=\frac{5}{4}$.
5. $5x^2+5y^2+9y-80=0$，　$5x^2+5y^2-9y-80=0$.
6. $x+y-1=0$，　$x+y-9=0$.
7. $2x-y+5=0$，　$2x+y-5=0$.
8. $\left(x-\frac{1}{2}\right)^2+(y+1)^2=\frac{1}{4}$，　$\left(x-\frac{1}{2}\right)^2+\left(y+\frac{9}{4}\right)^2=\frac{1}{4}$.
9. 当$-2<b<2$时，相交；$b=\pm 2$时，相切；$b<-2$或$b>2$时，相离.
10. 1.58 m.
11. $(-1.72, 20.93)$.

习题 3-3

1. (1) 8，　$4\sqrt{2}$，　$(0,\pm 2\sqrt{2})$；
   (2) 8，　$\frac{x^2}{16}+\frac{y^2}{25}=1$；
   (3) 4，　3，　$\sqrt{7}$，　$(\pm\sqrt{7},0)$.
2. (1) 长轴长为 10，短轴长为 6，顶点坐标为$(\pm 5,0)$，$(0,\pm 3)$，焦点坐标为$(\pm 4,0)$；
   (2) 长轴长为 2，短轴长为$\sqrt{2}$，顶点坐标为$(0,\pm 1)$，$\left(\pm\frac{\sqrt{2}}{2},0\right)$，焦点坐标为$\left(0,\pm\frac{\sqrt{2}}{2}\right)$.
3. $\frac{x^2}{16}+\frac{y^2}{12}=1$.
4. $\frac{x^2}{9}+\frac{y^2}{25}=1$.
5. $\frac{x^2}{36}+\frac{y^2}{40}=1$或$\frac{x^2}{40}+\frac{y^2}{4}=1$.

6. $\dfrac{x^2}{100}+\dfrac{y^2}{25}=1$.

7. $x-4y+4=0$.

8. $x^2+y^2-6x-16=0$.

9. $\dfrac{x^2}{\frac{81}{4}}+\dfrac{y^2}{18}=1$.

10. $\dfrac{x^2}{100}+\dfrac{y^2}{64}=1$.

11. $\dfrac{x^2}{9}+\dfrac{y^2}{25}=1$.

12. $\dfrac{x^2}{9}+y^2=1$；$\dfrac{x^2}{9}+\dfrac{y^2}{81}=1$.

13. $\dfrac{x^2}{36}+\dfrac{y^2}{27}=1$.

14. 最大距离为 1.528×10^8 km；最小距离为 1.4712×10^8 km.

习题 3-4

1. （1）$\dfrac{x^2}{9}-\dfrac{y^2}{16}=1$ 或 $\dfrac{y^2}{9}-\dfrac{x^2}{16}=1$；　（2）$\dfrac{x^2}{20}-\dfrac{y^2}{16}=1$；

（3）$\dfrac{x^2}{9}-\dfrac{y^2}{7}=1$；　（4）$\dfrac{x^2}{4}-\dfrac{y^2}{4}=1$.

2. （1）$2a=4$，　$2b=10$，　$A(\pm2,0)$，　$F(\pm29,0)$，　$e=\dfrac{\sqrt{29}}{2}$，　$y=\pm\dfrac{5}{2}x$.

（2）$2a=2$，　$2b=\sqrt{2}$，　$A(\pm1,0)$，　$F\left(\pm\dfrac{\sqrt{6}}{2},0\right)$，　$e=\dfrac{\sqrt{6}}{2}$，　$y=\pm\dfrac{\sqrt{2}}{2}x$.

（3）$2a=6$，　$2b=4$，　$A(0,\pm3)$，　$F(0,\pm\sqrt{13})$，　$e=\dfrac{\sqrt{13}}{3}$，　$y=\pm\dfrac{3}{2}x$.

3. $x^2-y^2=8$.

4. $\dfrac{x^2}{12}-\dfrac{y^2}{36}=1$ 或 $\dfrac{y^2}{12}-\dfrac{x^2}{36}=1$.

5. $\dfrac{x^2}{\frac{50}{17}}-\dfrac{y^2}{\frac{18}{17}}=1$.

6. $\dfrac{x^2}{4}-\dfrac{y^2}{\frac{9}{4}}=1$.

7. （1）表示焦点在 x 轴上的椭圆；　（2）表示焦点在 x 轴上的双曲线.

8. $\dfrac{x^2}{144}-\dfrac{y^2}{625}=1$.

习题 3-5

2. （1）$y^2=-8x$；　（2）$y^2=-\dfrac{3}{2}x$；

（3）$y^2=-12x$；　（4）$x^2=-2y$.

3. $(0,0)$和$(8,8)$.

4. $(9,6)$或$(9,-6)$.

5. $y^2=8x$，$(2,0)$.

6. $2p$.

7. $y^2=12x$.

*习 题 3-6

1. (1) $y'=2$;　(2) $3x'-4y'+3=0$;
(3) $x'^2+y'^2=16$;　(4) $x'^2=12y'$;
(5) $\frac{x'^2}{9}+\frac{y'^2}{4}=1$;　(6) $y'^2-4x'^2=28$.

2. (1) $x'^2+y'^2=16$;　(2) $\frac{x'^2}{4}+\frac{y'^2}{9}=1$;
(3) $y'^2=8x'$;　(4) $\frac{x'^2}{4}-\frac{y'^2}{16}=1$.

3. (1) $\frac{x'^2}{9}+\frac{y'^2}{4}=1$;　(2) $\frac{x'^2}{4}-\frac{y'^2}{9}=1$;
(3) $x'^2=16y'$.

4. (1) $4x^2+9y^2+16x-18y-11=0$;
(2) $4x^2-5y^2-16x-10y+31=0$;
(3) $x^2-4x-6y-11=0$.

*习 题 3-7

1. $A\left(\frac{\sqrt{2}}{2},\frac{\sqrt{2}}{2}\right)$;　$B(\sqrt{3},-1)$;　$C\left(-\frac{3\sqrt{2}}{2},\frac{3\sqrt{2}}{2}\right)$;　$D(4,0)$.

2. $A\left(2,\frac{\pi}{3}\right)$;　$B\left(\sqrt{6},\frac{3\pi}{4}\right)$;　$C\left(2,-\frac{\pi}{6}\right)$;　$D\left(2,\frac{4\pi}{3}\right)$.

3. (1) $x-a=0$;　(2) $y^2+2ax-a^2=0$;
(3) $xy=a^2$;　(4) $x^2+y^2-5y=0$.

4. (1) $\rho\cos\theta=5$;　(2) $\rho\cos\theta+4=0$;
(3) $\rho(2\cos\theta-5\sin\theta)=0$;　(4) $\rho=25\cos\theta$;
(5) $\rho=a^2(\cos\theta-\sin\theta)$;　(6) $\rho^2\cos2\theta=a^2$.

5. $\rho=\frac{3\sqrt{3}}{2}\csc\theta$.

6. $\rho=2\sqrt{2}\csc(\frac{\pi}{4}-\theta)$.

7. $\rho=-10\sin\theta$.

8. (1) $3x+y-8=0$;　(2) $(x-5)^2+(y+5)^2=1$;
(3) $\frac{x^2}{2}+\frac{y^2}{9}=1$;　(4) $y^2+x-1=0(0\leqslant x\leqslant1)$;
(5) $\frac{(x-2)^2}{9}+\frac{y^2}{25}=1$;　(6) $\frac{x^2}{a^3}-\frac{y^2}{b^2}=1$.

9. (1) $\begin{cases}x=2\cos\theta\\ y=4\sin\theta\end{cases}$;　(2) $\begin{cases}x=a\tan\theta\\ y=a\cot\theta\end{cases}$.

10. 8.

12. (2,−2), (−2,2).

13. $\begin{cases}x=v_0t\\ y=h-\frac{1}{2}gt^2\end{cases}$, $t=\sqrt{\frac{2h}{g}}$时落地.

14. $\begin{cases}x=10\sqrt{2}t\\ y=10\sqrt{2}t-\frac{1}{2}gt^2\end{cases}$, 投掷距离为$\frac{400}{g}$ m.

复习题三

1. (1) ×；(2) √；(3) √；(4) ×；(5) ×；(6) ×；(7) √；(8) ×；(9) ×；(10) ×.

2. (1) $(x-1)^2+(y-1)^2=25$；(2) 6；

(3) $\pm3\sqrt{5}$；(4) 24；

(5) $x+y=0, x^2-y^2=8$；(6) 向上，$\left(0,\frac{5}{8}\right)$，$y=-\frac{5}{8}$；

(7) $(-2,1)$，$\frac{x'^2}{9}+\frac{y'^2}{4}=1$；(8) $(2,-3)$，$y'^2=12x'$；

(9) $(x-1)^2+(y-2)^2=5$；(10) 6.

3. (1) D；(2) C；(3) B；(4) D；(5) A；

(6) A；(7) A；(8) B；(9) C.

4. $(x-1)^2+(y+2)^2=2$.

5. $2x^2+2y^2-21x+8y+60=0$.

6. $7x^2+16y^2=112$，$16x^2+7y^2=112$.

7. 2，32.

8. $y^2=4x$.

9. $\frac{x^2}{16}-\frac{y^2}{9}=1$.

10. $y^2=-12x$.

11. $m<9$ 时，是椭圆；$9<m<25$ 时，是双曲线.

12. $\frac{y^2}{1\,500^2}-\frac{x^2}{2\,000^2}=1$.

第四章

习题 4-1

1. (1) 1,4,9,16,25；(2) 10,20,30,40,50；

(3) 5,−5,5,−5,5；(4) $\frac{3}{2},1,\frac{7}{10},\frac{9}{17},\frac{11}{26}$.

2. (1) $\frac{1}{343},\frac{1}{1\,000}$；(2) 63,120；

(3) $\frac{1}{7},-\frac{1}{10}$；(4) −125,−1 021.

3. (1) $8,64,a_n=2^n$；(2) $1,36,a_n=n^2$；

(3) $-\frac{1}{3},-\frac{1}{7},a_n=(-1)^n\times\frac{1}{n}$；(4) $\sqrt{3},\sqrt{6},a_n=\sqrt{n}$.

4. (1) $a_n=3n$；(2) $a_n=-2n+2$；

(3) $a_n=\frac{n+1}{n}$；(4) $a_n=(-1)^n\cdot\frac{1}{2n}$；

(5) $a_n=\frac{1}{n^2}$；(6) $a_n=(-1)^{n+1}\cdot\sqrt[3]{n}$.

5. (1) 摆动数列，$a_n=(-1)^{n+1}n,-10$；(2) 常数列，$a_n=-1,-1$；

(3) 递减数列，$a_n=\frac{1}{n^2},\frac{1}{100}$；(4) 递增数列，$a_n=\sqrt{n},\sqrt{10}$；

(5) 递减数列，$a_n=\frac{1}{n}-\frac{1}{n+1},\frac{1}{110}$；

(6) 摆动数列，$a_n=(-1)^{n+1}\cdot\frac{2n-1}{2n}$，$-\frac{19}{20}$；

(7) 摆动数列，$a_n=1+(-1)^{n+1}$，0.

习 题 4-2

1. (1) 15，39；　(2) −28.
2. (1) 9，3；　(2) 5，−2.
3. (1) 10；　(2) 3；　(3) 29；　(4) 10.
4. (1) 771；　(2) 90.
5. (1) 14.6；　(2) 0.
6. (1) 500；　(2) 2 550；　(3) 604.5.
7. (1) $\frac{(1+n)n}{2}$；　(2) n^2.
8. −370.
9. 0.
10. (1) $S_n=\frac{n(3n-1)}{2}$；　(2) 8，18，28，$a_n=10n-2$.
11. 4，6，8 或 8，6，4.
12. 11， 15， 19， 23， 27， 31.
13. $23\frac{1}{2}$ cm， 24 cm， $24\frac{1}{2}$ cm， 25 cm， $25\frac{1}{2}$ cm， 26 cm， $26\frac{1}{2}$ cm， 27 cm， $27\frac{1}{2}$ cm， 28 cm， $28\frac{1}{2}$ cm， 29 cm， $29\frac{1}{2}$ cm， 30 cm.
14. 192 mm， 168 mm， 144 mm.
15. 1 140.

习 题 4-3

1. (1) −3，405；　(2) 3，162；　(3) $\frac{3}{4}$，$\frac{27}{128}$；　(4) $\frac{\sqrt{2}}{2}$，$\frac{\sqrt{2}}{4}$.
2. (1) 2，2；　(2) $\frac{5}{2}$，10.
3. (1) 2916；　(2) 5，40.
4. (1) 3；　(2) 9.
5. (1) ±60；　(2) 3.
6. (1) −729；　(2) 27，$\frac{2}{3}$或−27，$-\frac{2}{3}$；
   (3) 9；　(4) 4 或−4.
7. (1) 189；　(2) 8.25；　(3) $15\frac{1}{2}$；　(4) $-\frac{91}{45}$.
8. (1) 1008；　(2) $\frac{93}{128}$.
9. 1，2，1 023.
10. (1) −4，76.5；　(2) 2，$\frac{1}{8}$；　(3) 3，18 或−4，32；　(4) 6，$-\frac{1}{2}$或$\frac{3}{2}$，1.
11. $\frac{81}{26}$，$\frac{1}{3}$.
12. 27，81.

13. (1) $2^{n+1}-2-\frac{n(n+1)}{2}$；(2) $n(n+1)-\frac{3}{4}(1-5^{-n})$.

14. 2,4,8 或 8,4,2.

15. 202 万元,843 万元

复习题四

1. (1) ×；(2) √；(3) √；(4) ×；(5) √；
(6) ×；(7) √；(8) ×；(9) √；(10) √.

2. (1) -2；(2) $15\cdot(-\frac{1}{3})^{n-1}$；(3) $\frac{1}{6}$,4；
(4) 49,$6n+1$；(5) 4；(6) $a_n=4n-2$；
(7) $-\frac{6}{17}$；(8) 2；(9) $\pm\sqrt{37}$.

3. (1) C；(2) A；(3) B；(4) A；(5) B；(6) A；(7) B；
(8) C；(9) A；(10) C.

4. (1) $a_n=1+(-1)^{n+1}\frac{2n-1}{(2n)^2}$；(2) $a_n=\frac{\sqrt{2}}{2}[1+(-1)^n]$.

5. (1) 110,992,2 352；(2) 20.

6. 1,3,99.

7. (1) 900,494 550；(2) 128,70 336；(3) 1 645.

8. n^2.

9. (1)0 ；(2) -110.

10. 7， 5， 3.

11. 1， 2， 4， 6.

12. 4， 6.

13. 6， 2.

14. $a_1+12d+b_1q^{12}$.

16. 63 000.

17. 4.

18. 2℃， -11℃， -37℃.

19. 330 分钟， 5 550 分钟.

20. 33%.

21. (1)2 048 cm^2；(2)4 092 cm^2.

22. 390 mmHg.

第五章

习题 5-1

1. 9.

2. 24.

3. 625.

4. 8.

5. 14.

6. (1) 9；(2) 20.

习 题 5-2

2. (1) 20；　(2) 720；　(3) 1 568；　(4) 3.
4. 117 600.
5. 40 320.
6. 120；　24.
7. 5 040.
8. 10^6.
9. 900.
10. 625.

习 题 5-3

3. (1) 56；　(2) 4950；　(3) 84；　(4) 60.
4. 66.
5. 45.
6. 28.

习 题 5-4

1. (1) 4 950；　(2) 1 225；　(3) 0；
   (4) 455；　(5) 0；　(6) 1 140.
2. 7.
3. (1) 19 600；　(2) 460 600；　(3) 480 200.
4. 100.
5. 240.
6. 9^6.
7. 8.
8. 32.
9. 7 200.

习 题 5-5

2. $2\,160a^4b^2$.
3. 35，280.
4. $2+20x^2+10x^4$.
5. -252.
6. (1) 1.015；　(2) 0.998.
7. 第 5 项是 $2\,016x^5y^4$，第 6 项是 $4\,032x^4y^5$.
8. $-4\,096$.
9. 1 024.

复 习 题 五

1. (1) √；　(2) ×；　(3) √；　(4) ×；　(5) √；
   (6) ×；　(7) √；　(8) √；　(9) ×；　(10) ×.
2. (1) 12；　(2) 480；　(3) 60；　(4) 525；　(5) 190；

(6) 360；(7) 35；(8) 11；(9) 8，3 432；(10) 14，715.

3. (1) B；(2) A；(3) C；(4) A；(5) D；
(6) B；(7) D；(8) C；(9) B；(10) A.

4. (1) 720；(2) 2 520.

5. 1 440.

6. 60.

7. (1) 5 040；(2) 4 320.

8. 20.

9. 10^4.

10. (1) 2 520；(2) 42.

11. (1) 60；(2) 1 440.

12. 325.

13. (1) 161 700；(2) 9 506；(3) 161 602；(4) 9 604.

14. (1) 90；(2) 60；(3) 360；(4) 90.

15. 31.

17. 52.5.

18. 10.

19. 2^n.

20. 8.